すぐに使えて
かんたん！
かわいい！

幼稚園・保育園のための

おたより文例
＆イラスト集

押田可奈子 著

Windows対応
CD-ROM付き

技術評論社

はじめに

幼稚園や保育園では、お子さんの様子を保護者のみなさんに伝えるために、「園だより」や「クラスだより」と呼ばれる、おたよりを出します。お子さんを初めての集団生活へ送り出す保護者は、不安や心配が多いものです。園でのできごとや子どもたちの生き生きとした姿を伝えて、保護者とのコミュニケーションを潤滑にしましょう。園生活を安心して送れるようサポートするために本書を活用してください。

1 子どもの姿をお知らせしましょう

　　園からのおたよりは、大切な情報発信の手段です。保護者が最も知りたいのは、園での子どもの姿のはずです。園からのおたよりは大切に保管し、何度も読み返す保護者もいるでしょう。子どもたちの普段の遊びの姿や、行事への取り組みなど、些細なできごとも記載することで、保護者に家庭での様子とは違った子どもたちの一面を知らせることができるでしょう。

2 行事や季節ならではのイベントの由来を伝えましょう

　　子どもたちには、行事や各季節ならではの体験一つひとつを大切にしてほしいですね。保護者にも行事の由来や、季節ならではのイベントを知ってもらうことで、園で行う行事への理解を深めることができます。また、子どもと保護者共通の話題も増えるでしょう。

　　おたよりを読むのは保護者です。子どもに教えられるような豆知識になることなども入れて、楽しく読んでもらえるようにしましょう。その際、季節を感じるイラストや行事ごとのイラストを使って、季節ならではのイメージやどんな行事なのかが伝わりやすいようにしましょう。

3 今月の保育目標を載せましょう

　　今月の目標や一年を通しての目標を、保護者に伝えましょう。どんな目標を持って、日々の保育や行事などが行われているのかを知ることにより、保護者も見通しを持つことができ、安心して子どもを園に送り出すことができます。また、園で歌う季節の歌や、絵本、物語の紹介なども入れ、子どもたちが園でどのようなことをして過ごしているかわかるような内容も記載しましょう。

4 子どもに親しまれている物語のイラストを活用しましょう

　行事や季節ごとのお知らせで、ピッタリくるものがなく、迷うこともあるでしょう。物語のイラストは季節問わずに使えるものもあります。どんなイラストを使おうか迷っているときにおススメです。今月の物語を決め、保育室の壁面（へきめん）も統一することで、子どもたちもよりその物語の世界に親しむことができるでしょう。お遊戯会で行う劇を題材に選んでもいいでしょう。

　物語のあらすじも記載することで、家庭でも物語について話し合うきっかけにしてほしいですね。

5 子どもの健康と安全に注意しましょう

　子どもの健康や安全についての情報は大切です。保護者が心配をするポイントでもあり、子どもたちを守ることにもつながります。食育や、ウイルス対策についての情報、季節ごとに注意する点など、保護者にわかりやすく正確に伝えましょう。

6 保護者へのお願いは明確にしましょう

　子どもたちの持ち物から、保護者に提出してもらう書類まで、おたよりを通して保護者にお願いすることはたくさんあります。誤解や間違いが生じると、子どもたちの不利益となり、保護者の信頼も失ってしまいます。わかりやすさを重視し、明確に記載しましょう。

7 プログラムやしおりは、わかりやすくしましょう

　運動会やお遊戯会のプログラムを、おたよりとともに配布することがあります。子どもたちの成長の記録として保存している保護者も多くいるものです。当日の流れがわかりやすいよう記載しましょう。行事のイメージが伝わるイラストを中心に、イラストの大きさや使い過ぎには十分注意して、当日を楽しみにできるようなプログラムを作成しましょう。

カラー

園だよりテンプレート・イラスト

園だより 令和〇年〇月〇日
〇〇〇〇〇園

ご入園おめでとうございます。桜の花がきれいに咲き、子どもたちの新しいスタートを応援していますね。これからたくさん遊び、〇〇園を好きになり、登園することを楽しみにしてほしいです。初めての園生活では心配事もあると思います。職員全員でサポートしますので、ゆっくり園生活に慣れていってください。

 今月のもくひょう

- 遅れることなく、元気に登園しましょう。
- 朝の「おはようございます」と帰りの「さようなら」のあいさつをしっかりしましょう。

持ち物に名前を書きましょう

4月は、忘れ物や持ち物の紛失が多くなります。
持ち物には必ず名前を書いてください。

バスの送迎について

バス到着時刻の5分前に準備して、指定の場所でお待ちください。
なお、4月のはじめはバスが遅れることもありますのでご了承ください。

先生紹介

あいかわ 先生

はじめまして。〇〇組の担任になりました、相川望です。〇〇園に勤めて〇年目になります。子どもたちと楽しく生活できればと思っています。

いまなか 先生

はじめまして。〇〇組の担任の今中瑞穂です。お散歩が大好きなので、子どもたちと楽しくお散歩できるといいなと思っています。よろしくお願いします。

 お願い

- 事故防止のため、門は開けたら必ず閉めてください。降園時は保護者の方とお子さんが一緒に出るようにしてください。
- 駐車場でお子さんを一人にしないでください。
- 駐車場での立ち話はおやめください。

P004_01

お知らせ

P004_02 | P004_02A | P004_02B

お願い

P004_03 | P004_03A | P004_03B

持ち物

P004_04 | P004_04A | P004_04B

♪今月の歌♪

P004_05 | P004_05A | P004_05B

先生紹介

P004_06 | P004_06A | P004_06B

新しいおともだちが増えました

P004_07 | P004_07A | P004_07B

今月のもくひょう

P004_08 | P004_08A | P004_08B

P004_09

P004_10

 **6月 クラスだより** 令和〇年〇月〇日
〇〇〇〇〇園
担任：〇〇〇〇〇

雨の日が続いています。室内遊びが多くなり、「お外で遊びたいな〜」という声が子どもたちから聞こえます。そのため、ホールに行ったときは、おもいきりからだを動かして遊ぶようにしています。また、テラスから外を眺めていると、カタツムリを発見して大喜びで観察する姿も見られました。この季節ならではの雨風の音、身近にある草花などの自然に気づけるよう工夫をして、子どもたちと楽しく過ごしていきたいと思います。

時計の制作について

時の記念日制作として、時計を作りました。子どもたちは文字盤に興味を持ったようです。
時計の針は実際に動くように作りました。ご家庭でも制作した時計を使って、時間を意識して過ごしてみてください。

6月の行事

〇日 〇〇〇〇〇〇
〇日 〇〇〇〇〇〇
〇日 〇〇〇〇〇〇
〇日 〇〇〇〇〇〇
〇日 〇〇〇〇〇〇
〇日 〇〇〇〇〇〇
〇日 〇〇〇〇〇〇
〇日 〇〇〇〇〇〇

虫歯予防デー

6月4日〜10日は、歯と口の健康週間です。1938年まで「6（む）4（し）」にちなんで、6月4日を虫歯予防デーと呼んでいました。今でも広く認識されていますね。子どもの頃の歯磨きの習慣は、大人になっても大切な歯を守ります。虫歯のない歯で、美味しく食べたいですね。

6月生まれのおともだち

あいかわ たくと くん
いまなか ゆうか ちゃん
えんどう たいち くん
おの まいか ちゃん

P004_11

開場地図

〇〇ようちえん

入園式

令和〇年〇月〇日（〇曜日）
午前〇時〇分〜午後〇時〇分（予定）

場所：〇〇幼稚園　第一ホール

お願い

- 当園には駐車場がありません。近くの駐車場を利用してください。路上駐車は禁止です。また、園前の〇〇の駐車場の利用は絶対にしないでください。
- お席は前から順にお座りください。廊下は園児の通路となるので、立ち見はご遠慮ください。
- 会場内での携帯電話の使用やゲーム機の使用は禁止させていただきます。
- 保護者様も、上履きと下足袋をご持参ください。

P005_01（A4 横 表面）

P005_02

P005_03

ご入園おめでとうございます。保護者の皆様にも、心よりお祝いを申し上げます。

明日から新しいおともだちとともに、いろいろなことを学んでいきます。

遊具で遊んだり、みんなで歌を歌ったり、運動会や遠足といった行事を通して、たくさんの思い出を作っていきましょう。

式次第

1. 園児入場
2. 開会のあいさつ
3. 園長のあいさつ
4. 来賓のあいさつ
5. 職員紹介
6. 園歌
7. 閉会のあいさつ

● ＊閉会のあと、記念撮影をします。

P005_01（A4 横 裏面）

P005_04

P005_05

P005_07

P005_08

P005_09

P005_10

P005_06

開場地図

〇〇ようちえん

うんどうかい

プログラム

令和〇年〇月〇日（〇曜日）
午前〇時〇分～午後〇時〇分（予定）

場所：〇〇幼稚園　園庭

お願い

- 当園には駐車場がありませんので、お車でのご来場はお控えください。
- お車でのご来場の際は、近くの市営駐車場（有料）をご利用ください。
- 園内は禁煙です、ご協力お願いします。喫煙されるかたは指定の喫煙所でお願いします。
- 教室には入らないでください。また、招集時以外は入退場門に入らないでください。

P006_01（A4 横 表面）

P006_02

P006_03

開会式

9:30～
1.園児入場
2.開会のことば
3.園長のことば
4.運動会のうた

閉会式

14:00～
1.園児入場
2.園長のことば
3.授賞式
4.閉会のことば
5.解散

運動会種目

1	9:45	かけっこ	〇〇組
2		玉入れ	〇〇組
3		かけっこ	〇〇組
4		かけっこ	〇〇組
5		かけっこ	〇〇組
6	11:00	ダンス	〇〇組
7		かけっこ	〇〇組
8		かけっこ	〇〇組
9		かけっこ	〇〇組
10		かけっこ	〇〇組
11	13:00	かけっこ	〇〇組
12		かけっこ	〇〇組
13		かけっこ	〇〇組
14		かけっこ	〇〇組

観覧場所案内

年中組保護者席　　年少組保護者席

退場門

年長組保護者席

園児席　　入場門

↓園舎

P006_01（A4 横 裏面）

P006_04

P006_05

P006_06

P006_07

P006_08

P006_09

遠足のお知らせテンプレート・イラスト

〇〇ようちえん
〇月〇日 発行

遠足のおしらせ

　暖かさも増し、木々の緑がまぶしくなり始めました。新しいクラスにも慣れ、子どもたちはおともだちと楽しそうに遊んでいます。
　このたび、当園では、〇〇〇にて園外保育を行うことを予定しています。
　下記をご確認いただき、出欠確認用紙（別途配布）をご記入の上、担任までお戻しいただくようお願い申し上げます。

目的地　　〇〇〇公園
　　　　　〒xxx-xxxx　〇〇市〇〇町 xx-xxx

日程　　　〇月〇日（〇）
　　　　　午前〇時　園庭集合
　　　　　午前〇時　園出発
　　　　　午前〇時　目的地到着
　　　　　午前〇時　昼食（芝生広場でお弁当を食べます）
　　　　　午前〇時　目的地出発
　　　　　午前〇時　園到着
　　　　　午前〇時　解散

※雨天の場合は、通常保育となり、〇月〇日（〇）に延期となります。延期となる場合は、当日の朝〇時までにご連絡します。

服装　　　体操着上下、カラー帽子

持ち物　　お弁当、水筒（お茶または水）、タオル、ハンカチ、ポケットティッシュ、敷物

お願い　　★体調が悪い場合は無理をさせずにお休みしてください。
　　　　　★欠席する場合には必ず当園または下記までご連絡ください。
　　　　　★靴は、履きなれたものを履かせてください。
　　　　　★園へのお迎えは〇時頃にお願いします。

緊急連絡先：xxx-xxxx-xxxx

P007_01

P007_02

P007_03

P007_04

P007_05

P007_06

P007_07

P007_08

P007_09

開場地図

お願い

- 当園には駐車場がありません。近くの駐車場を利用してください。路上駐車は禁止です。また、園前の○○の駐車場の利用は絶対にしないでください。
- お席は前から順にお座りください。廊下は園児の通路となるので、立ち見はご遠慮ください。
- 会場内での携帯電話の使用やゲーム機の使用は禁止させていただきます。
- 客席前に、ビデオカメラ席を設けます。当日、係員の指示に従ってください。
- 保護者様も、上履きと下足袋をご持参ください。

○○ようちえん

うたの発表会

プログラム

令和○年○月○日（○曜日）
午前○時○分～午後○時○分（予定）

場所：○○幼稚園　第一ホール

P008_01（A4 横 表面）

P008_02

P008_03

第一部

はじめの言葉：園長先生

	曲名	組み
1：○時～○時	○○○○○○○○○	きりんぐみ
2：○時～○時	○○○○○○○○○	ぞうぐみ
3：○時～○時	○○○○○○○○○	ひつじぐみ
4：○時～○時	○○○○○○○○○	うさぎぐみ
5：○時～○時	○○○○○○○○○	ねずみぐみ
6：○時～○時	○○○○○○○○○	ぱんだぐみ
7：○時～○時	○○○○○○○○○	りすぐみ
8：○時～○時	○○○○○○○○○	ひよこぐみ

第二部

	曲名	組み
1：○時～○時	○○○○○○○○○	きりんぐみ
2：○時～○時	○○○○○○○○○	ぞうぐみ
3：○時～○時	○○○○○○○○○	ひつじぐみ
4：○時～○時	○○○○○○○○○	うさぎぐみ
5：○時～○時	○○○○○○○○○	ねずみぐみ
6：○時～○時	○○○○○○○○○	ぱんだぐみ
7：○時～○時	○○○○○○○○○	りすぐみ
8：○時～○時	○○○○○○○○○	ひよこぐみ

おわりの言葉：園長先生

P008_01（A4 横 裏面）

P008_04

P008_05

P008_06

P008_07

P008_08

P008_09

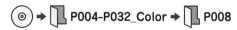

卒園式のお知らせテンプレート・イラスト

開場地図

〇〇ようちえん

卒園式

令和〇年〇月〇日（〇曜日）
午前〇時〇分〜午後〇時〇分（予定）

場所：〇〇幼稚園　第一ホール

お願い

- 当園には駐車場がありません。近くの駐車場を利用してください。路上駐車は禁止です。また、園前の〇〇の駐車場の利用は絶対にしないでください。
- お席は前から順にお座りください。廊下は園児の通路となるので、立ち見はご遠慮ください。
- 会場内での携帯電話の使用やゲーム機の使用は禁止させていただきます。
- 保護者様も、上履きと下足袋をご持参ください。

P009_01（A4 横 表面）

式次第

園歌

○○○○●○○○○●○○○○●○○○○
○○○○●○○○○●○○○○●○○○○
○○○○●○○○○●○○○○●○○○○
○○○○●○○○○●○○○○●○○○○
○○○○●○○○○●○○○○●○○○○
○○○○●○○○○●○○○○●○○○○

1. 園児入場
2. 開会のあいさつ
3. 園長のあいさつ
4. 来賓のあいさつ
5. 職員紹介
6. 園歌
7. 閉会のあいさつ

＊閉会のあと、記念撮影をします。

P009_01（A4 横 裏面）

P009_02

P009_03

P009_04

P009_05

P009_06

P009_07

P009_08

P009_09

P009_10

P009_11

P009_12

P009_13

P009_14

P009_15

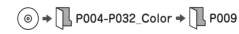

4月のおたより文例・イラスト

P010_01　P010_01A　P010_01B

P010_02　P010_02A　P010_02B

P010_03　P010_03A　P010_03B

P010_04　P010_04A　P010_04B

バスの送迎について

　バス到着時刻の5分前に準備して、指定の場所でお待ちください。
　なお、4月のはじめはバスが遅れることもありますのでご了承ください。

P010_05

持ち物に名前を書きましょう

　4月は、忘れ物や持ち物の紛失が多くなります。
　持ち物には必ず名前を書いてください。

P010_06

P010_07

P010_08

P010_09

P010_10

P010_11

P010_12

P010_13

P010_14

5月のおたより文例・イラスト

P011_01 P011_01A P011_01B

P011_02 P011_02A P011_02B

5月の行事

P011_03 P011_03A P011_03B

P011_04 P011_04A P011_04B

母の日について

　母の日に向けて、子どもたちがお母さんの絵を描きました。「うちのママは髪の毛が長いんだよ」おともだちと話しながら、真剣に絵を描いていました。
　そんな光景を想像しながら受け取ってください。そして「ありがとう」と言ってあげてください。

P011_05

こどもの日について

　5月5日はこどもの日です。
　祝日法には、「こどもの人格を重んじ、こどもの幸福をはかるとともに、母に感謝する。」とあります。こどものことを思うだけでなく、母に感謝する日でもあるのですね。

P011_06

P011_07

P011_08

P011_09

P011_10

P011_11

P011_12

P011_13

P011_14

6月のおたより文例・イラスト

P012_01　P012_01A　P012_01B

P012_02　P012_02A　P012_02B

P012_03　P012_03A　P012_03B

P012_04　P012_04A　P012_04B

プール開きについて

子どもたちみんなが大好きなプール遊びが始まります。検温したら必ずプールカードへの記入を行い、お子さんに持たせてください。

P012_05

時計の制作について

時の記念日制作として、時計を作りました。子どもたちは文字盤に興味を持ったようです。

時計の針は実際に動くように作りました。ご家庭でも制作した時計を使って、時間を意識して過ごしてみてください。

P012_06

P012_07

P012_08

P012_09

P012_10

P012_11

P012_12

P012_13

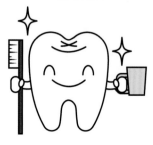
P012_14

7月のおたより文例・イラスト

P013_01　P013_01A　P013_01B

P013_02　P013_02A　P013_02B

P013_03　P013_03A　P013_03B

P013_04　P013_04A　P013_04B

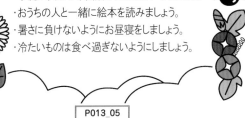

夏休みのお約束

・早寝早起きをしましょう。
・テレビは時間を決めて見ましょう。
・お手伝いを進んで行いましょう。
・交通ルールはしっかり守りましょう。
・知らない人についていかないようにしましょう。
・危ないところで遊ばないようにしましょう。
・手洗い、うがい、歯磨きを忘れずにしましょう。
・おうちの人と一緒に絵本を読みましょう。
・暑さに負けないようにお昼寝をしましょう。
・冷たいものは食べ過ぎないようにしましょう。

P013_05

野菜収穫について

　6月に植えた野菜を収穫しました。
　収穫した野菜は給食室に持っていき、調理してもらい、給食の時間にみんなで少しずつ分けて食べました。ピーマンが苦手だと言っていたお子さんも一口食べると「おいしい」と、おかわりをするほどした。自分たちで育てた野菜はやはり格別ですね。

P013_06

P013_07

P013_08

P013_09

P013_10

P013_11

P013_12

P013_13

P013_14

8月のおたより文例・イラスト

8月の園だより

P014_01　P014_01A　P014_01B

8月クラスだより

P014_02　P014_02A　P014_02B

8月の行事

P014_03　P014_03A　P014_03B

8月のこんだて

P014_04　P014_04A　P014_04B

　8月11日は「山の日」で祝日です。2014年（平成26年）に制定された新しい祝日です。山の日ができるまでは8月には祝日がなかったのですね。

　山というと山登り。ちょっとハードなイメージがありますが、山歩き程度のハイキングはいかがですか？　意外に近いところにハイキングコースがあるものですよ。

P014_05

花火の日

　8月1日は花火の日。夏の空を彩る打ち上げ花火はとってもきれいですね。花火見物のかけ声「たまや〜」。さて「たまや〜」って何でしょう。

　実は江戸時代の代表的な花火屋さん「玉屋」のことです。ちなみに「鍵屋」もあり、それぞれの花火が上がるときに、声をあげたのが由来です。

P014_06

P014_07

P014_08

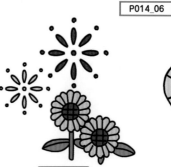

P014_09

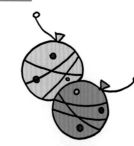

P014_10

P014_11

P014_12

P014_13

P014_14

9月のおたより文例・イラスト

P015_01　P015_01A　P015_01B

P015_02　P015_02A　P015_02B

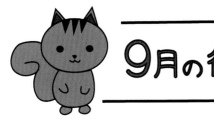

P015_03　P015_03A　P015_03B

P015_04　P015_04A　P015_04B

2学期始まりのあいさつ

※　2学期が始まりました。子どもたちも元気に登園してくれました。元気いっぱいに外遊びをしています。2学期は行事が多く予定されています。子どもたちが楽しめるように過ごしていきたいと思います。

P015_05

避難訓練について

○月○日（　）は避難訓練を行います。1学期の避難訓練日ではそわそわして心配そうにする子もいましたが、2学期に入ってから訓練にも慣れ、約束を守って素早く避難することができるようになりました。

引き続き避難訓練を通して、緊急時に適切な行動がとれるようにしていきたいと思います。

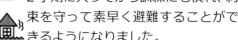
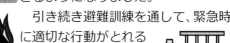

P015_06

P015_07

P015_08

P015_09

P015_10

P015_11

P015_12

P015_13

P015_14

10月のおたより文例・イラスト

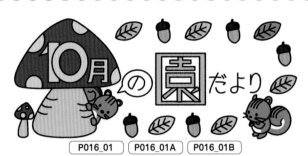

P016_01　P016_01A　P016_01B

P016_02　P016_02A　P016_02B

P016_03　P016_03A　P016_03B

P016_04　P016_04A　P016_04B

運動会のお知らせ

　〇月〇日（　）は運動会を予定しています。
　詳細は追って連絡します。

P016_05

サツマイモ掘り

　〇月〇日（　）は、サツマイモ掘りを予定しています。大きめの袋と軍手、体操着に長靴を履いて登園してください。
　子どもたちは大好きな「やきいもグーチーパー」を歌い、サツマイモ掘りを楽しみにしています。

P016_06

P016_07

P016_08

P016_09

P016_10

P016_11

P016_12

P016_13

P016_14

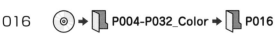

11月のおたより文例・イラスト

P017_01　P017_01A　P017_01B

P017_02　P017_02A　P017_02B

P017_03　P017_03A　P017_03B

P017_04　P017_04A　P017_04B

七五三について

七五三は、お子さんの成長をお祝いする行事で、11月15日に神社にお参りするのが一般的です。由来は、古くからの風習である3歳の「髪置き」（紙を伸ばし始める）、5歳「袴着（はかまぎ）」（初めて袴を着る）、7歳「帯解（おびとき）」（帯を使い始める）だそうです。男の子は5歳（地域によっては3歳も）、女の子は3歳と7歳にお祝いするそうです。

P017_05

勤労感謝の日

11月23日は勤労感謝の日。新嘗祭（にいなめさい）という五穀豊穣（穀物が豊かに実ること）を感謝するお祝いが由来です。戦前は「新嘗祭」も祭日として休日でした。いまでも、多くの神社で新嘗祭が執り行われています。現在は「勤労を尊び、生産を祝い、国民がたがいに感謝しあう日」とされ、農作物だけでなく、働くこと全般を感謝する日となっています。

P017_06

P017_07

P017_08

P017_09

P017_10

P017_11

P017_12

P017_13

P017_14

P018_01　P018_01A　P018_01B

P018_02　P018_02A　P018_02B

P018_03　P018_03A　P018_03B

P018_04　P018_04A　P018_04B

○ ○師走（しわす）○ ○

師走は旧暦の 12 月の名称です。由来は、師匠である僧侶が、お経をあげるために東西を馳せる「師馳す」という説が有力のようです。12 月以外もあげておきます。1 月：睦月（むつき）、2 月：如月（きさらぎ）、3 月：弥生（やよい）、4 月：卯月（うづき）、5 月：皐月（さつき）、6 月：水無月（みなづき）、7 月：文月（ふみづき）、8 月：葉月（はづき）、9 月：長月（ながつき）、10 月：神無月（かんなづき）、11 月：霜月（しもつき）です。

クリスマス

園内では、クリスマスツリーが設置され、子どもたちがきれいに飾り付けしました。

サンタさんに手紙を書いたり、クリスマス会に向けて歌やお遊戯の練習を元気いっぱい頑張っています。サンタさんはみんなにプレゼントを持ってきてくれます。

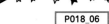

P018_06

P018_07

P018_08

P018_09

P018_10

P018_11

P018_12

P018_13　P018_14

P018_15　P018_16

P018_17

P019_01　P019_01A　P019_01B

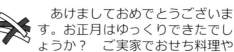

1月のクラスだより

P019_02　P019_02A　P019_02B

P019_03　P019_03A　P019_03B

P019_04　P019_04A　P019_04B

＊新学期の抱負＊

あけましておめでとうございます。いよいよ3学期がスタートします。3学期はあっという間に過ぎますので、1日1日を大切に過ごしていきたいと思います。

これからも寒い日々が続きますが、風邪をひかないで、元気に登園してくださいね。

P019_05

●おせち料理とお雑煮●

あけましておめでとうございます。お正月はゆっくりできたでしょうか？　ご実家でおせち料理やお雑煮などの正月料理を堪能したのではないでしょうか？　お雑煮は地域によって違いがあります。お餅の形や味噌の種類、具材もバリエーションに富んでいるのですね。おせち料理も地域によって異なるようです。一度食べ比べをしてみたいです。

P019_06

P019_07

P019_08

P019_09

P019_10

P019_11

P019_12

P019_13

P019_14

2月のおたより文例・イラスト

P020_01　P020_01A　P020_01B

P020_02　P020_02A　P020_02B

P020_03　P020_03A　P020_03B

2月の
こんだて

P020_04　P020_04A　P020_04B

豆まき大会について

　○月○日は豆まき大会を行います。当園では、節分に関するお話をしたり、絵本を通して豆まきの由来をお話しています。ご家庭でも機会がありましたら、ぜひお子さんと豆まきのお話をしてください。

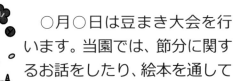
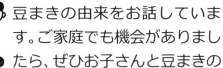

P020_05

節分について

　2月3日頃は節分です。翌日の立春から新しい年が始まることから、節分に邪気を祓うために豆まきなどを行ったそうです。
　鰯の頭をヒイラギの先に付けて飾る風習も魔除けとされます。恵方巻きを食べるのも一般的になりました。
　豆まきは、日本の伝統行事です。ご家庭でも、お子さんと一緒に楽しんでください。

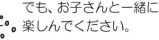

P020_06

　バレンタインデーは、いまや国民的行事になりましたね。好きな人にチョコレートを送ったことのあるお母さん、もらえるかどうかドキドキしていたお父さん、きっといらっしゃいますよね。チョコレート会社の宣伝が始まりだとかいろいろ由来はありますが、楽しい記念日だと思います。今日はちょっと奮発して、家族で高級チョコレートを食べてみてはいかがですか？

P020_07

P020_08

P020_09

P020_10

P020_11

3月のおたより文例・イラスト

P021_01　P021_01A　P021_01B

P021_02　P021_02A　P021_02B

P021_03　P021_03A　P021_03B

P021_04　P021_04A　P021_04B

ひな祭り

　3月3日はひな祭り。桃の節句とも呼ばれ、女の子の健やかな成長を願う日です。ひな祭りで思い浮かぶのがひな人形。場所をとらないコンパクトなものがトレンドのようです。桜餅やひなあられ、ちらし寿司などを食べるのも一般的ですね。子どもはあっという間に成長してしまいます。ぜひ家族で楽しいひな祭りをお過ごしください。

P021_05

終業式に向けて

　進級に向けて下級生のお手本となるよう過ごす姿が見られます。
　生活の中での姿勢や態度を見直し、残り少ない今学期も、おともだちや先生と仲良く過ごしましょう。

P021_06

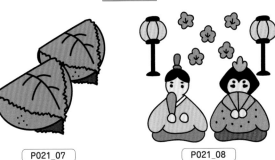

P021_07

P021_08

P021_09

P021_10

P021_11

P021_12

P021_13

P022_01

P022_02

P022_03

P022_04

P022_05

P022_06

P022_07

P022_08

P022_09

P022_10

P022_11

P022_12

P022_13

P022_14

P022_15

P022_16

P022_17

P022_18

P022_19

P022_20

健康のおたより文例・イラスト

健康診断について

　○月○日は健康診断です。当日は着脱しやすい服装での登園をお願いします。

　身長、体重測定のほか、園医の先生の診察があります。先生に事前にお伝えすることがありましたら、お知らせください。

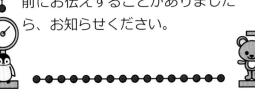

P023_01

感染予防について

　○○○○○○が流行しています。

　手洗い、うがい、マスクの着用をお願いいたします。

P023_02

P023_03

P023_04

手洗い、うがいについて

　当園では、外から帰ったら必ず手洗い・うがいをするよう習慣づけています。ご家庭でも、子どもたち自ら手洗い・うがいができるよう促してください。

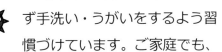
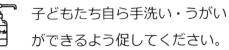

P023_07

薬

P023_05

P023_06

P023_08

P023_09

アルコール

P023_10

P023_11

P023_12

P023_13

ソープ

P023_14

P023_15

たべもののイラスト

P024_01

P024_02

P024_03

P024_04

P024_05

P024_06

P024_07

P024_08

P024_09

P024_10

P024_11

P024_12

P024_13

P024_14

P024_15

P024_16

P024_17

P024_18

P024_19

P024_20

P025_01

P025_02

P025_03

P025_04

P025_05

P025_06

P025_07

P025_08

P025_09

P025_10

P025_11

P025_12

P025_13

P025_14

P025_15

P025_16

P025_17

P025_18

P025_19

P025_20

いきもののイラスト

P026_01

P026_02

P026_03

P026_04

P026_05

P026_06

P026_07

P026_08

P026_09

P026_10

P026_11

P026_12

P026_13

P026_14

P026_15

P026_16

P026_17

P0269_21

P026_18

P026_19

P026_20

P026_22

P004-P032_Color ➡ P026

日常生活のイラスト

P027_01

P027_02

P027_03

P027_04

P027_05

P027_06

P027_07

P027_08

P027_09

P027_10

P027_11

P027_12

P027_13

P027_14

P027_15

P027_16

P027_17

P027_18

P027_19

P027_20

P027_21

誕生日のおともだちの飾り罫とイラスト ❶

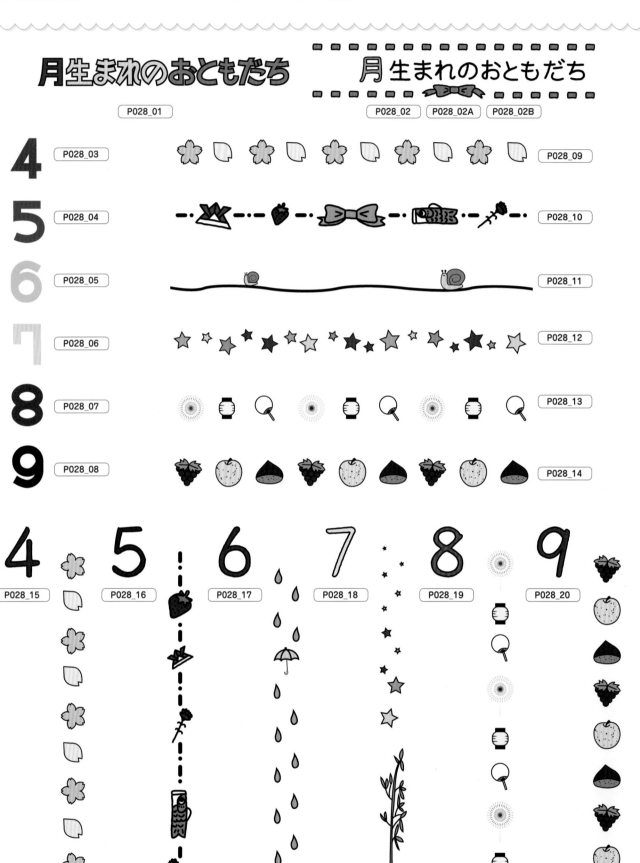

月生まれのおともだち

P028_01

月生まれのおともだち

P028_02　P028_02A　P028_02B

4　P028_03

P028_09

5　P028_04

P028_10

6　P028_05

P028_11

7　P028_06

P028_12

8　P028_07

P028_13

9　P028_08

P028_14

4　P028_15

5　P028_16

6　P028_17

7　P028_18

8　P028_19

9　P028_20

P028_21

P028_22

P028_23

P028_24

P028_25

P028_26

誕生日のおともだちの飾り罫とイラスト ❷

あたらしいおともだち

あたらしいおともだち

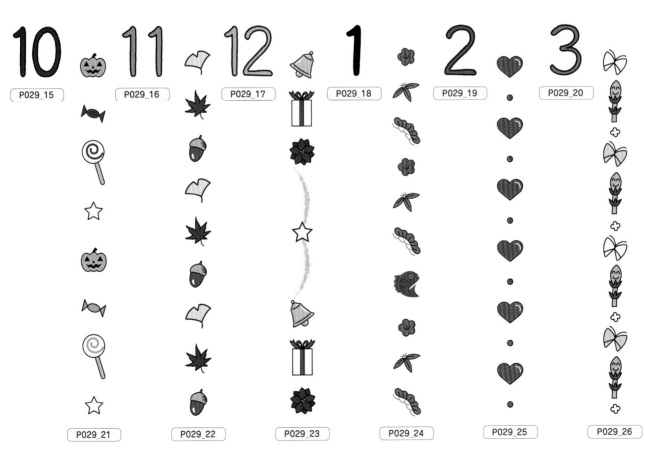

P029_01

P029_02　P029_02A　P029_02B

10　P029_03　　　　　　　　　　P029_09

11　P029_04　　　　　　　　　　P029_10

12　P029_05　　　　　　　　　　P029_11

1　P029_06　　　　　　　　　　P029_12

2　P029_07　　　　　　　　　　P029_13

3　P029_08　　　　　　　　　　P029_14

10　P029_15　11　P029_16　12　P029_17　1　P029_18　2　P029_19　3　P029_20

P029_21　　P029_22　　P029_23　　P029_24　　P029_25　　P029_26

飾り罫

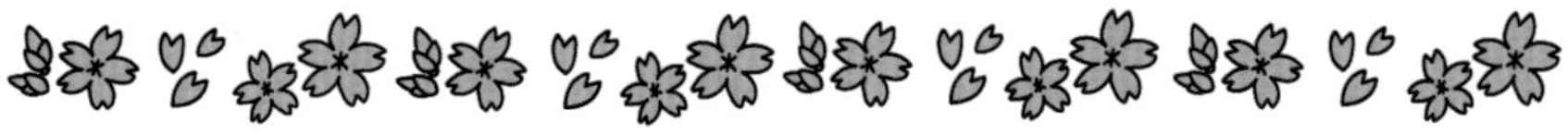
P030_01

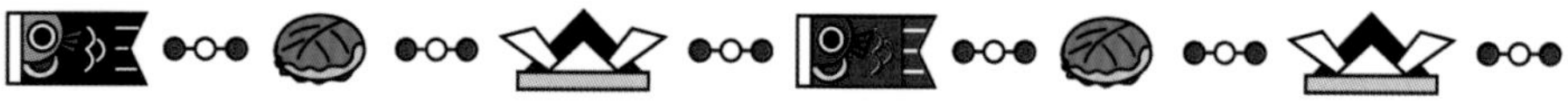
P030_02

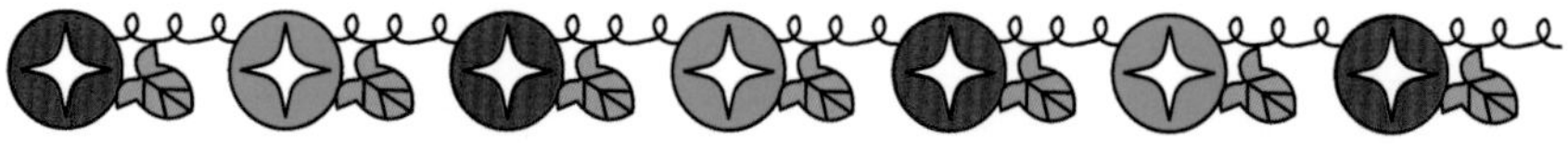
P030_03

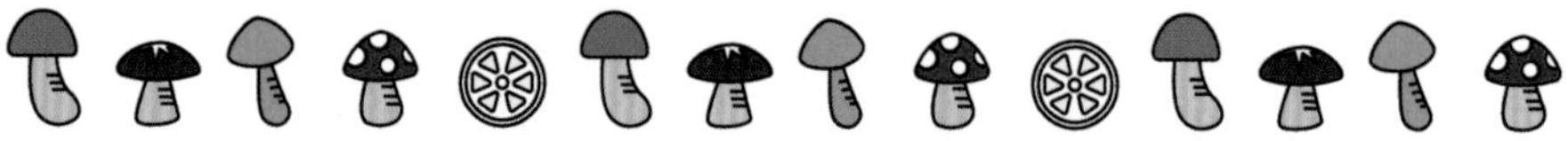
P030_04

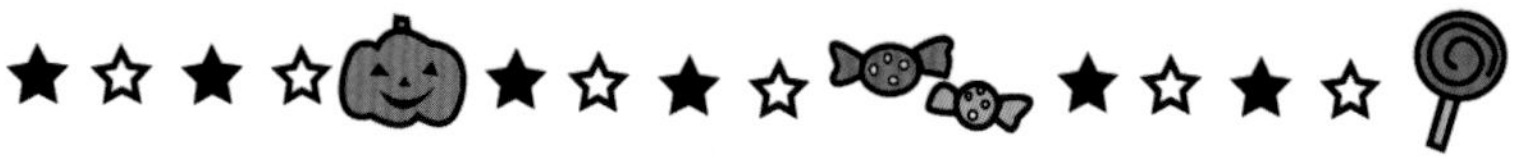
P030_05

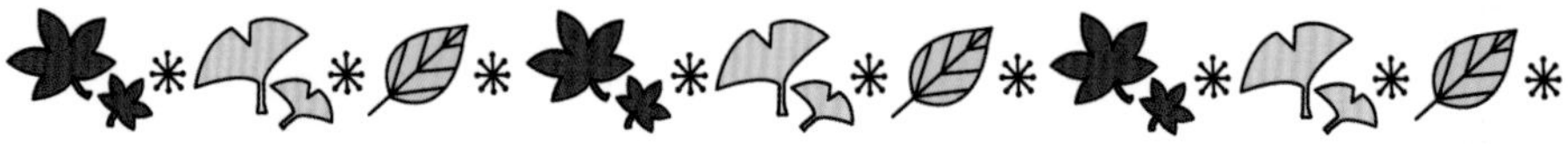
P030_06

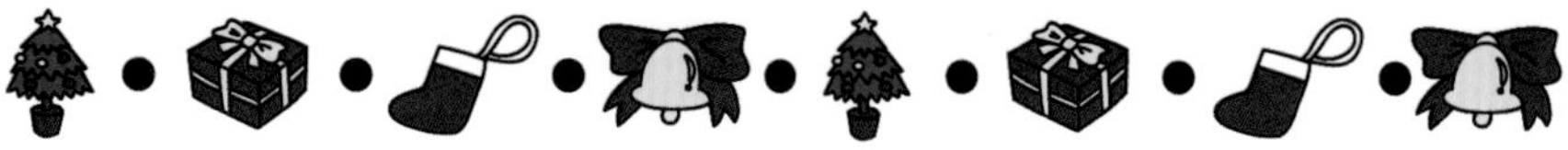
P030_07

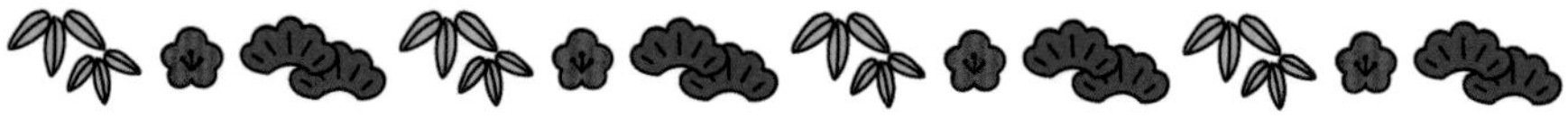
P030_08

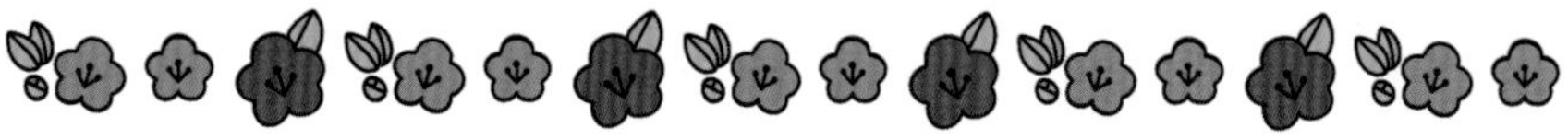
P030_09

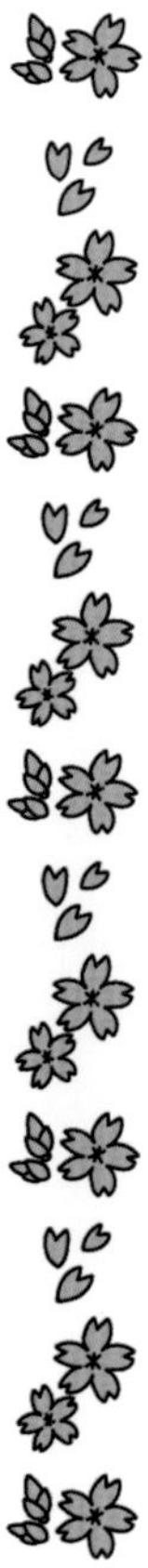
P030_10

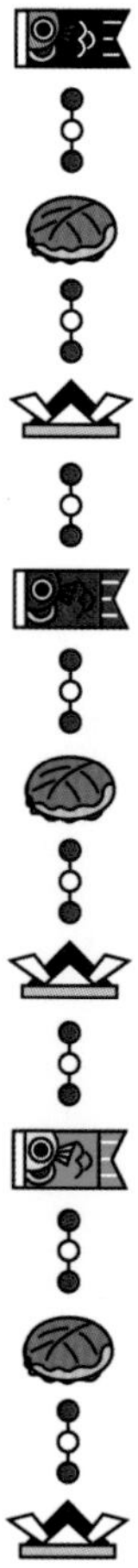
P030_11

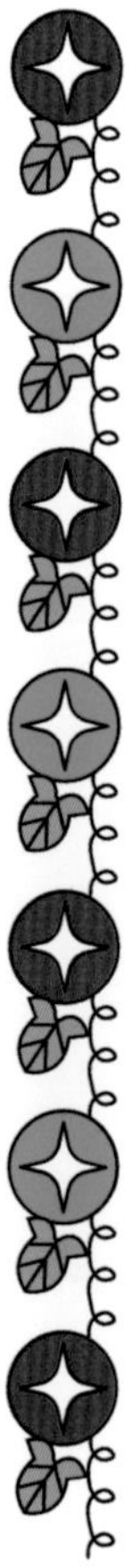
P030_12

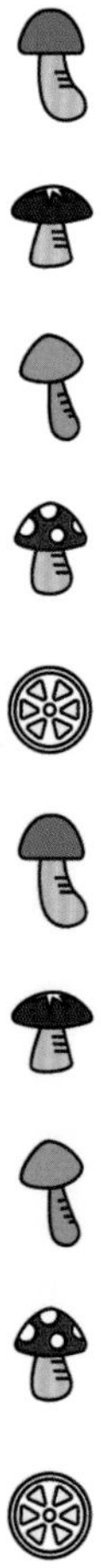
P030_13

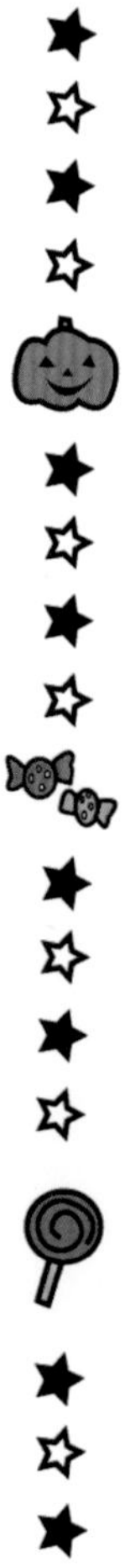
P030_14

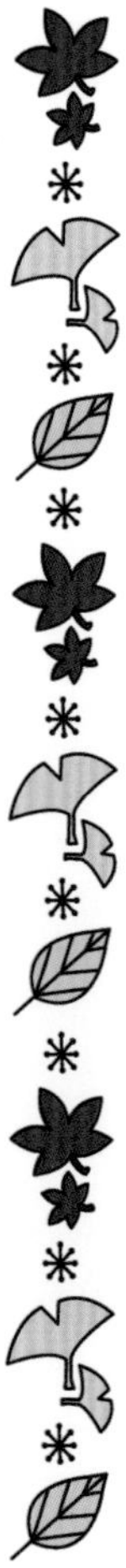
P030_15

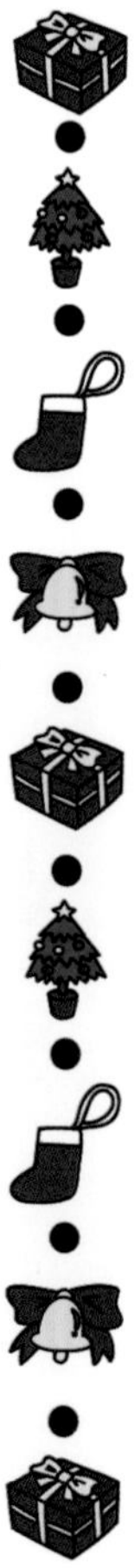
P030_16

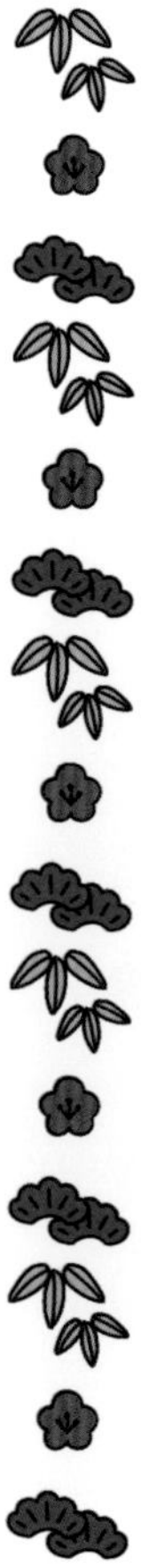
P030_17

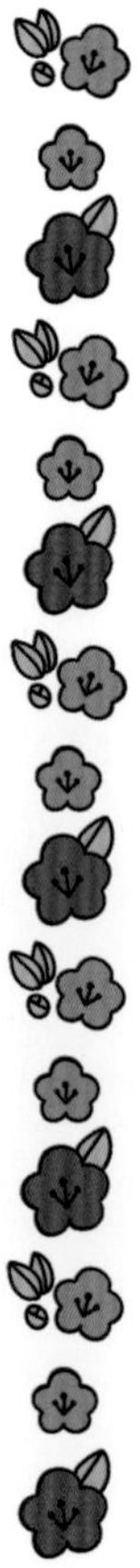
P030_18

童話のキャラクターのイラスト

園だより

P031_01

P031_02

P031_03

P031_04

P031_05

P031_06

クラスだより

P031_07

P031_08

P031_09

P031_10

P031_11

P031_12

P031_13

P031_14

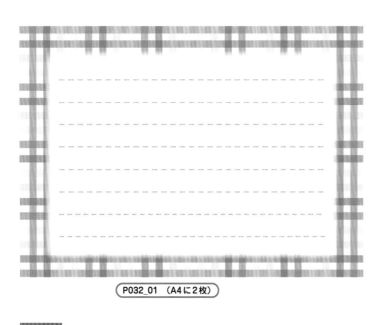

P032_01 （A4に2枚）

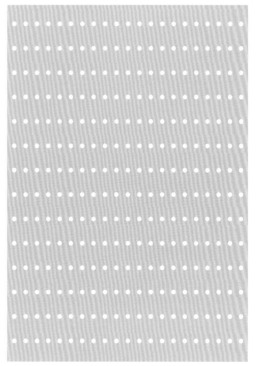

P032_03 （A4に2枚）

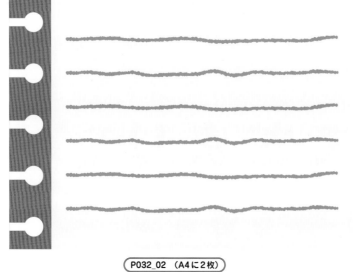

P032_02 （A4に2枚）

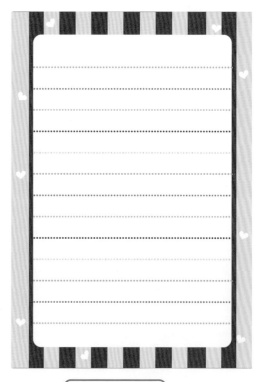

P032_04 （A4に2枚）

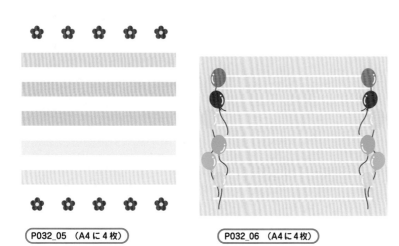

P032_05 （A4に4枚）

P032_06 （A4に4枚）

付属CD-ROMについて

本書付属の CD-ROM には、Microsoft Word データ、イラスト画像データ（JPEG 形式）、テキストデータ（文字データ）、PDF データが収録されています。

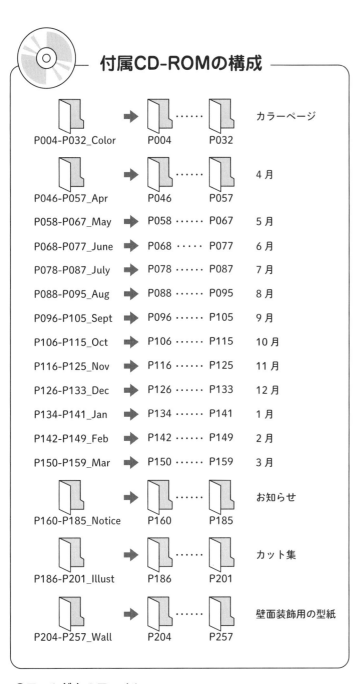

付属CD-ROMの構成

フォルダ	内容
P004-P032_Color → P004 …… P032	カラーページ
P046-P057_Apr → P046 …… P057	4 月
P058-P067_May → P058 …… P067	5 月
P068-P077_June → P068 …… P077	6 月
P078-P087_July → P078 …… P087	7 月
P088-P095_Aug → P088 …… P095	8 月
P096-P105_Sept → P096 …… P105	9 月
P106-P115_Oct → P106 …… P115	10 月
P116-P125_Nov → P116 …… P125	11 月
P126-P133_Dec → P126 …… P133	12 月
P134-P141_Jan → P134 …… P141	1 月
P142-P149_Feb → P142 …… P149	2 月
P150-P159_Mar → P150 …… P159	3 月
P160-P185_Notice → P160 …… P185	お知らせ
P186-P201_Illust → P186 …… P201	カット集
P204-P257_Wall → P204 …… P257	壁面装飾用の型紙

●動作環境

○ CD-ROM 読み取りドライブ

CD-ROM のデータを利用するには、CD-ROM を読むためのディスクドライブ（CD ドライブ、DVD ドライブや BD ドライブでも可）が必要です。
ディスクドライブの搭載されていないパソコンでご利用の場合は、外付けのディスクドライブをご利用ください。

○ OS

Windows での利用を想定しています。
macOS で利用する場合、レイアウトが変わる場合があります。ご了承ください。

○ Microsoft Word

ワードデータを使うには、パソコンに Microsoft Word が必要です。
本書掲載のワードデータは、Microsoft Word 2013 以降での使用を想定します。それ以前のバージョンでは、レイアウトが変わる場合があります。

●CD-ROM収録データ使用の許諾と禁止事項

本書に掲載されているイラストおよび CD-ROM に収録されているデータは、ご購入された個人または法人・団体が、営利を目的としない園だより、新聞、掲示物、お知らせなどには自由に使用できます。ただし、以下を遵守してご使用ください。

○ほかの出版物、企業の PR 広告やマークなどへの使用、商品広告、園児募集ポスター、園バスのデザイン、その他物品へ印刷しての販促使用や商品販売、インターネットでの掲載はできません。無断使用は法律で禁じられています。

○本書掲載のイラスト等の著作権は各制作者（著者）に帰属します。CD-ROM 収録のデータを複製し、第三者に譲渡・販売・頒布・インターネットを通じての提供は禁止いたします。

○万一、ご利用の結果いかなる損害が生じたとしても、著者および技術評論社では一切の責任を負いかねます。

●フォルダ内のファイル

フォルダを開くと、誌面に掲載されている文例やイラストのデータが入っています。
アイコンの形状は、ご利用の環境によって異なる場合があります。ご了承ください。

ワードデータ
Microsoft Word が 必 要 です。
※使用する環境やバージョンによっては、文字が正しく表示されない場合があります。

テキストデータ
文字だけが入っています。メモ帳などで開きます。

JPEG データ（画像データ）
画像の内容が表示されます。ワードに配置して利用します。

PDF データ
壁面装飾の型紙などプリントアウトを前提としたデータです。
※印刷のみ可能、開くと「ファイル名（保護）」と表示されます。

※ Microsoft Windows および Microsoft Word は、米国マイクロソフト社の登録商標です。
※その他の本文中に記載されている製品名、会社名は、すべて関係各社の商標または登録商標です。

本書の使い方

本書は、おたよりを作成するのに便利なように、カラーページ、モノクロページ、それぞれに文例やイラスト素材を掲載しています。用途によっていくつかのパートに分かれています。CD-ROM のデータを使うか、そのままコピーして利用してください。

カラーページ　P.002〜P.032

カラーページでは、おたよりやお知らせのテンプレートやイラスト、月ごとのタイトルやイラストなど、モノクロページの素材から厳選しカラー化したデータを掲載しています。

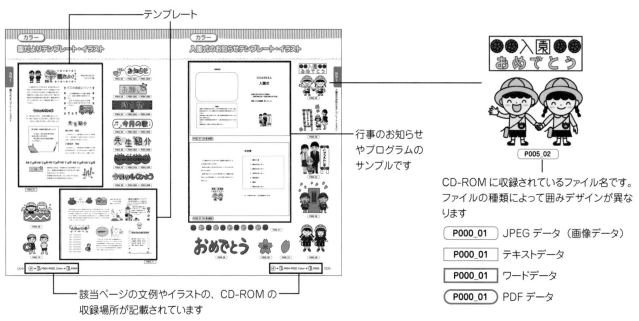

テンプレート

行事のお知らせやプログラムのサンプルです

該当ページの文例やイラストの、CD-ROM の収録場所が記載されています

CD-ROM に収録されているファイル名です。ファイルの種類によって囲みデザインが異なります

ファイル名	種類
P000_01	JPEG データ（画像データ）
P000_01	テキストデータ
P000_01	ワードデータ
P000_01	PDF データ

P010_01　全体
P010_01A　文字なし
P010_01B　文字だけ

タイトルイラストは、全体、文字なし、文字だけの3種類が収録されています

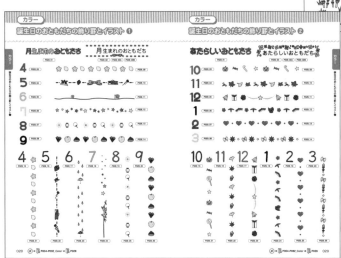

誕生日のおともだち飾り罫とイラストの素材は、下記のように文字と数字、飾り罫を組み合わせて囲みを作って利用してください

月別パート　P.046〜P.159

月別パートでは、月ごとのタイトルイラストやあいさつ文の文例、行事や記念日などの囲みイラスト付き文例を掲載しています。

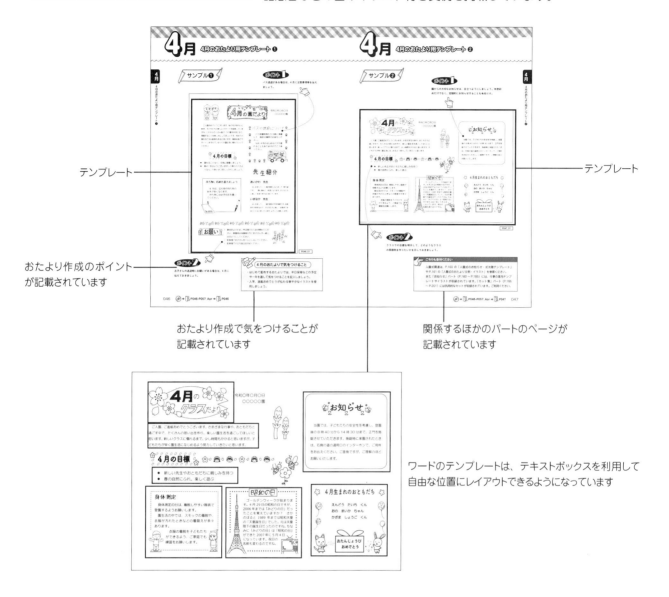

テンプレート

おたより作成のポイントが記載されています

テンプレート

おたより作成で気をつけることが記載されています

関係するほかのパートのページが記載されています

ワードのテンプレートは、テキストボックスを利用して自由な位置にレイアウトできるようになっています

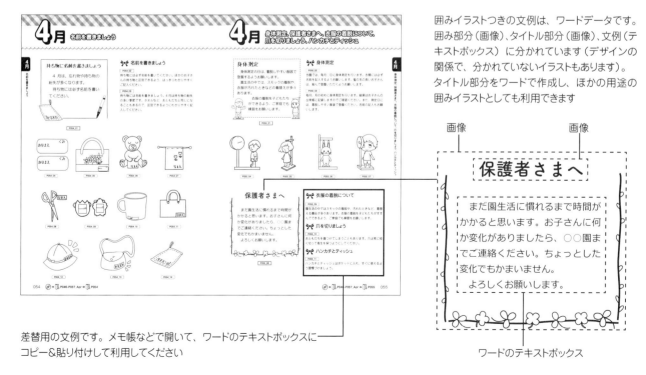

囲みイラストつきの文例は、ワードデータです。囲み部分（画像）、タイトル部分（画像）、文例（テキストボックス）に分かれています（デザインの関係で、分かれていないイラストもあります）。タイトル部分をワードで作成し、ほかの用途の囲みイラストとしても利用できます

画像　　　　　　画像

差替用の文例です。メモ帳などで開いて、ワードのテキストボックスにコピー＆貼り付けして利用してください

ワードのテキストボックス

お知らせパート　P.160〜P.185

お知らせパートでは、入園式や運動会など、大きな行事などのお知らせや式次第のテンプレート（ワードデータ）、イラスト素材を掲載しています。ワードデータは、自由に内容を変更してご利用ください。

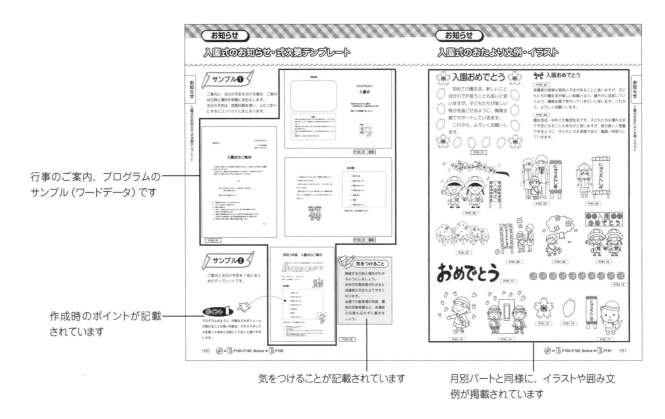

行事のご案内、プログラムのサンプル（ワードデータ）です

作成時のポイントが記載されています

気をつけることが記載されています

月別パートと同様に、イラストや囲み文例が掲載されています

カット集パート　P.186〜P.201

カット集パートでは、汎用的なイラスト素材を掲載しています。おたより作成時に、月別パートにないイラストが必要なときは探してみてください。また、保護者さまに簡単なメモを渡すときのための、メモ帳テンプレートを用意しました。プリントアウトして半分または4分の1にカットしてご利用ください。

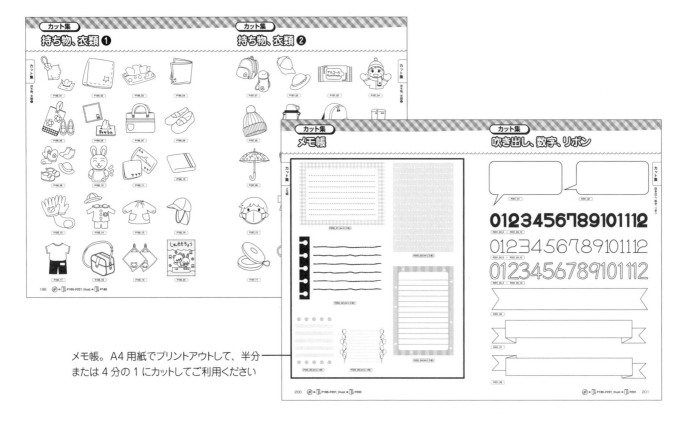

メモ帳。A4用紙でプリントアウトして、半分または4分の1にカットしてご利用ください

壁面装飾用の型紙パート　P.202〜P.257

壁面装飾用の型紙パートで、童話を題材にした、おたより用のイラスト、物語の紹介文を掲載しています。右側のページには、壁面に飾るイラストの型紙を掲載。拡大コピーまたは、プリントアウトしてから拡大コピーして、色紙を切り抜いて作成ください。利用方法は P.202 〜 P.203 を参照ください。

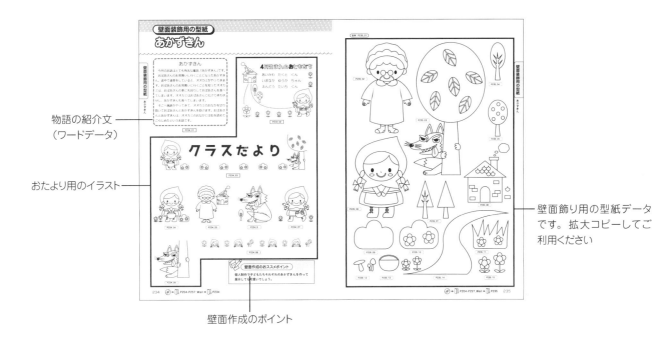

物語の紹介文
（ワードデータ）

おたより用のイラスト

壁面飾り用の型紙データです。拡大コピーしてご利用ください

壁面作成のポイント

おたより作成のためのワードの基本操作パート　P.258〜P.267

テキストボックスの挿入や画像の挿入など、おたより作成に使いそうな
ワードの基本操作を解説しています。

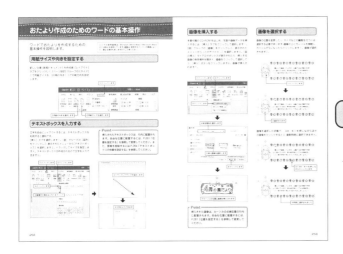

イラストに色をつけてみようパート　P.268〜P.271

モノクロのイラストに、ペイント 3D（またはペイント）で
色をつけるための操作を解説しています。

もくじ

カラーページ

4月

5月

6月

7月

8月

9月

10月

11月

12月

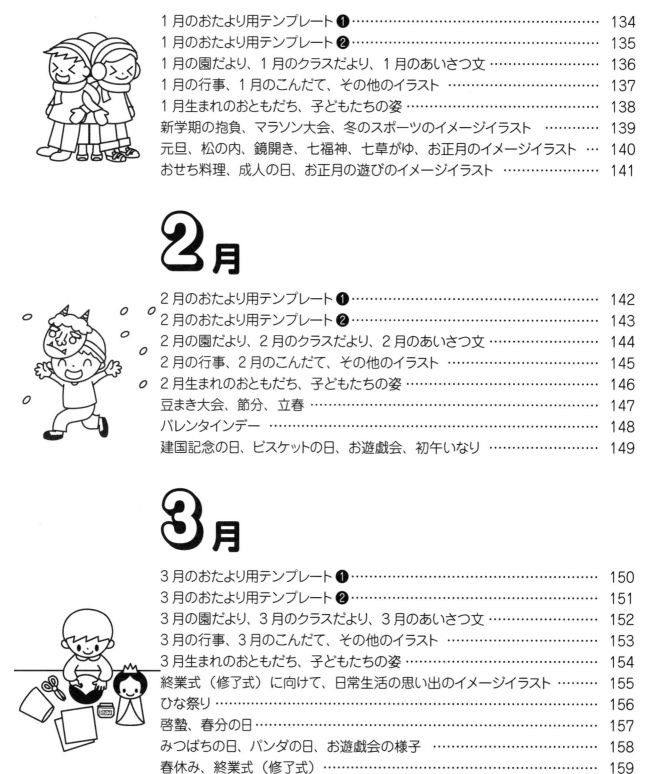

1月

2月

3月

お知らせ

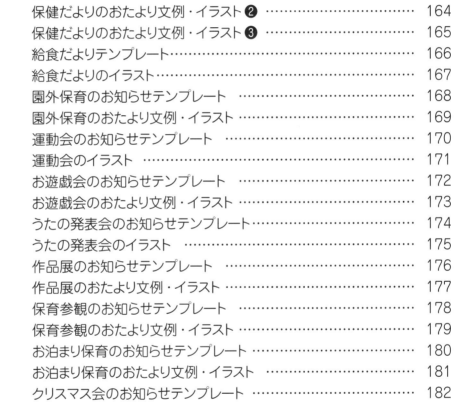

カット集

壁面装飾用の型紙

おたより作成のためのワードの基本操作 ········ **258**

イラストに色をつけてみよう（ペイント3D編）··· **268**

イラストに色をつけてみよう（ペイント編） ······ **270**

 **サンプル❶**

ポイント❶

バス送迎がある場合は、4月に注意事項等を伝えましょう。

令和〇年〇月〇日
〇〇〇〇〇園

ご入園おめでとうございます。桜の花がきれいに咲き、子どもたちの新しいスタートを応援していますね。これからたくさん遊び、〇〇園を好きになり、登園することを楽しみにしてほしいです。初めての園生活では心配事もあると思います。職員全員でサポートしますので、ゆっくり園生活に慣れていってください。

バスの送迎について

バス到着時刻の5分前に準備して、指定の場所でお待ちください。
なお、4月のはじめはバスが遅れることもありますのでご了承ください。

4月の目標

- 遅れることなく、元気に登園しましょう。
- 朝の「おはようございます」と帰りの「さようなら」のあいさつをしっかりしましょう。

先生紹介

持ち物に名前を書きましょう

4月は、忘れ物や持ち物の紛失が多くなります。
持ち物には必ず名前を書いてください。

あいかわ　先生

はじめまして。〇〇組の担任になりました、相川望です。〇〇園に勤めて〇年目になります。子どもたちと楽しく生活できればと思っています。

いまなか　先生

はじめまして。〇〇組の担任の今中瑞穂です。お散歩が大好きなので、子どもたちと楽しくお散歩できるといいなと思っています。よろしくお願いします。

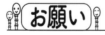 **お願い**

- 事故防止のため、門は開けたら必ず閉めてください。降園時は保護者の方とお子さんが一緒に出るようにしてください。
- 駐車場でお子さんを一人にしないでください。
- 駐車場での立ち話はおやめください。

P046_01

ポイント❷

お子さんの送迎時にお願いがある場合は、4月に伝えておきましょう。

4月のおたよりで気をつけること

・はじめて配布するおたよりでは、半日保育などの予定や一年を通して気をつけることを記入しましょう。
・入学、進級おめでとうが伝わる華やかなイラストを使用しましょう。

サンプル❷

ポイント**1**

園からの大切なお知らせは、目立つようにしましょう。年度初めだけでなく、定期的にお知らせすることも有効です。

4月のクラスだより

令和〇年〇月〇日
〇〇〇〇〇園

ご入園、ご進級おめでとうございます。さまざまな行事や、おともだちと過ごす中で、たくさんの思い出を作り、楽しい園生活を過ごしてほしいと思います。新しいクラスに慣れるまで、少し時間もかかると思いますが、子どもたちが早く園生活になじめるよう努力していきたいと思います。

4月の目標

- 新しい先生やおともだちに親しみを持つ
- 春の自然にふれ、楽しく遊ぶ

お知らせ

当園では、子どもたちの安全性を考慮し、登園後の8時40分から14時30分まで、正門を施錠させていただきます。施錠時に来園されたときは、右側の道の通用口のインターホンで、ご用件をお伝えください。ご面倒ですが、ご理解のほどお願いいたします。

身体測定

身体測定の日は、着脱しやすい服装で登園するようお願いします。
園生活の中では、スモックの着脱や、衣服が汚れたときなどの着替えが多々あります。
衣服の着脱を子どもたちができるよう、ご家庭でも練習をお願いします。

昭和の日

ゴールデンウィークが始まります。4月29日の昭和の日ですが、2006年までは「みどりの日」だったことを覚えていますか？ さかのぼると1989年までは昭和天皇の「天皇誕生日」でした。元は天皇陛下の誕生日だったのですね。ちなみに「みどりの日」は「昭和の日」ができた2007年に5月4日になっています。祝日の名前も変わるのですね。

4月生まれのおともだち

えんどう たいち くん
おの まいか ちゃん
かざま しょうご くん

おたんじょうび
おめでとう

P047_01

ポイント**2**

クラスでの目標を明示して、どのようなクラスの雰囲気を作りたいかを示しておきましょう。

こちらも参照ください

入園式関連は、P.160の「入園式のお知らせ・式次第テンプレート」やP.161の「入園式のおたより文例・イラスト」を参照ください。
また「お知らせ」パート（P.160〜P.185）には、行事の案内テンプレートやイラストが収録されています。「カット集」パート（P.186〜P.201）には汎用的なカットが収録されています。ご利用ください。

P048_01　P048_01A　P048_01B

P048_02　P048_02A　P048_02B

P048_03　P048_03A　P048_03B

P048_04　P048_04A　P048_04B

P048_05　P048_05A　P048_05B

P048_06　P048_06A　P048_06B

P048_07　P048_07A　P048_07B

P048_08　P048_08A　P048_08B

✤ 4月のあいさつ文

P048_09

ご入園、ご進級おめでとうございます。春になり、外で遊ぶのが気持ちいい季節になりました。新しい環境に慣れるまで心配なこともあると思いますので、何かありましたらご相談ください。

P048_10

○○園生活のスタートです。子どもたち同様、保護者の皆様も新しい環境に期待と不安があることと思います。一日でも早く新しい環境に慣れ、安心して園へ通うことができるよう、職員一同努力していきます。

P048_11

いよいよ新年度がスタートしました。新しいおともだちとも少しずつ関わり、遊ぶ姿が見られます。おともだちや先生と仲良く遊び、楽しく園生活を送ってほしいと思います。

P048_12

いよいよ新年度がやってきました。園庭では、ヒヤシンスやパンジーなど、かわいい花々が子どもたちを出迎えています。○○園での一つひとつの楽しい経験が、子どもたちの成長につながるよう見守っていきたいと思います。

P048_13

新年度が始まりました。初めてのクラスや先生に、子どもたちは不安もあることでしょう。少しずつ緊張をほぐしていけるよう、一人ひとりと丁寧に関わりを持ち、気持ちを受け止め寄り添っていくことを大切にしたいと思います。

P048_14

新年度のスタートです。一日でも早く、園生活が楽しいと思ってもらえるよう、子どもたちの気持ちに寄り添い、保育に励んでいこうと思います。よろしくお願いいたします。

4月 入園のあいさつ、進級のあいさつ、担任あいさつ

入園のあいさつ

ご入園おめでとうございます。初めての園生活に心配なことや不安なこともあると思いますが、日々の子どもたちの成長に寄り添う中で、少しでも早く園生活に慣れるよう、サポートしていきたいと思います。一年間どうぞよろしくお願いいたします。

P049_01

進級のあいさつ

進級おめでとうございます。

ちょっぴりお兄さん、お姉さんになる子どもたちの成長を近くで見ることができ、とてもうれしく思います。進級することをとても楽しみにしていた子どもたち。これからの園生活もより充実し、たくさんの思い出ができるよう努めていきたいと思います。

P049_04

担任あいさつ

進級おめでとうございます。○○組の担任になりました○○○○です。

○○園に勤めて○年目になります。昨年度は○○組を受け持っておりました。子どもたちがのびのびと楽しい毎日を過ごせるよう、一人ひとりと丁寧に関わっていきたいと思います。

いたらない点もあるかと思いますが、一年間よろしくお願いします。

P049_07

🎀 ご入園、ご進級のあいさつ

P049_02

ご入園、ご進級おめでとうございます。さまざまな行事や、おともだちと過ごす中で、たくさんの思い出を作り、楽しい園生活を過ごしてほしいと思います。新しいクラスに慣れるまで、少し時間もかかると思いますが、子どもたちが早く園生活になじめるよう努力していきたいと思います。

P049_03

ご入園おめでとうございます。桜の花がきれいに咲き、子どもたちの新しいスタートを応援していますね。これからたくさん遊び、○○園を好きになり、登園することを楽しみにしてほしいです。初めての園生活では心配事もあると思います。職員全員でサポートしますので、ゆっくり園生活に慣れていってください。

P049_05

P049_06

🎀 担任あいさつ

P049_08

進級おめでとうございます。○○組担任の○○○○です。3月に大学を卒業して初めて勤めます。不慣れなことや、いたらない点もあると思いますが、子どもたちが毎日にこにこの笑顔で登園できるよう精一杯頑張ります。よろしくお願いします。

P049_09

○○組の担任になりました○○○○です。○○園に勤めて○年目になります。子どもたちが園生活になじんで、毎日楽しく過ごせるよう、一人ひとりと寄り添っていきたいと思います。一年間、よろしくお願いします。

4月

4月の行事、4月のこんだて、その他のイラスト

P050_01　P050_01A　P050_01B

P050_02　P050_02A　P050_02B

P050_03　P050_03A　P050_03B

P050_04　P050_04A　P050_04

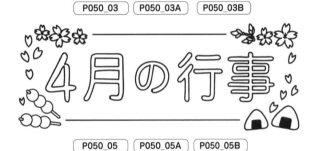

P050_05　P050_05A　P050_05B

P050_06　P050_06A　P050_06B

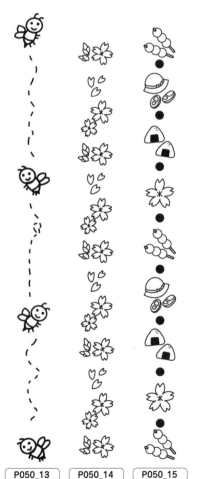

P050_07　P050_07A　P050_07B

P050_08　P050_08A　P050_08B

P050_09　P050_09A　P050_09B

持ち物

P050_10　P050_10A　P050_10B

お知らせ

P050_11　P050_11A　P050_11B

P050_12　P050_12A　P050_12B

P050_16

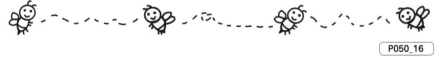

P050_17

P050_13　P050_14　P050_15

P050_18

4月 4月生まれのおともだち、子どもたちの姿

🌸 4月生まれのおともだち 🌸

えんどう　たいち　くん
おの　まいか　ちゃん
かざま　しょうご　くん

おたんじょうび
おめでとう

P051_01

4月生まれのおともだち

えんどう　たいち　くん

おの　まいか　ちゃん

かざま　しょうご　くん

おたんじょうび
おめでとう

P051_02

🎀 子どもたちの姿

P051_04
泣いていた子も先生と一緒に園内を散歩していると、興味のあるものを見つけ、泣くことを忘れ遊んでいます。まだまだ園生活に慣れるまで時間もかかると思いますが、楽しい経験を通して○○園を大好きになってくれるとうれしいです。

P051_05
新聞紙でよろいかぶとを制作しました。かぶってみると「かっこいい！」と満足気！「作り方覚えたよ！」「もうひとつ作ってみる！」「ひまわり組の子にプレゼントしよう！」など、大きな新聞紙を一生懸命折っていました。子どもの日、楽しく過ごしましょう。

P051_06
晴れた日に、園庭でフィンガーペイントを行いました。いろんな色の絵の具を見ると、「青を使いたい！」と好きな色を探していました。いろんな色があることを知り、色に興味を持つことができたようです。

P051_07
園庭でのフィンガーペイントでは、絵の具を手で伸ばしながら、「うわ～ぬるぬるするね～」「気持ちいいよ～」と絵の具の感触を楽しんでいました。「次は黄色を使いたい！」「まぜまぜする！」と積極的に絵の具を使い、遊ぶ姿が見られました。

P051_08
まだまだ園生活に慣れない子がいますが、フィンガーペイントのような楽しい体験を通して○○園に通うことは楽しいな！と思えるといいですね。

子どもたちの姿

新学期が始まり、新しい名札をうれしそうに付けている子、「ママがいい」と泣いている子、泣いている子に優しく声をかける子、○○幼稚園の登園風景は楽しく、にぎやかです。

P051_03

P051_09
進級して、新しい帽子の色に新しいクラスのバッジを胸に毎日大張り切りの子どもたち。すっかりお兄さん、お姉さんになって、小さなクラスの子が泣いているとそっと近づいていき、優しく声をかける姿が見られ、ほほえましいです。

P051_10
給食のときに、「○○組になったから全部食べられそう！」と苦手なおかずもチャレンジして食べる姿が見られるようになりました。ご家庭でも苦手なものを頑張って食べることができたときは、たくさん褒めてあげてください。

P051_11
通常保育になってから、お弁当を食べることが楽しみで、朝から「先生お弁当はまだ？」と何度も聞いてくる子どもたち。みんなで揃っていただきますをすることもうれしいようです。おともだちと一緒に食べるお弁当は特別ですね。

ご来園いただく保護者様へ

事故防止のため、門は開けたら必ず閉めてください。

降園時は保護者の方とお子さんが一緒に出るようにしてください。

P052_01

ご来園いただく保護者様へ

P052_02

駐車場でお子さんを一人にしないでください。また、駐車場での立ち話はおやめください。

P052_03

駐車場は、近くの○○駐車場をご利用ください。近隣の迷惑となりますので、路上駐車はおやめください。

P052_04

自転車は、園内の駐輪場をご利用ください。満車の時は、職員にお声かけください。

を 月 日まで に持ってきてください

P052_05 P052_05A P052_05B

を 月 日までにもってきてください

P052_06 P052_06A P052_06B

☆ を 月 日までに持ってきください☆

P052_07 P052_07A P052_07B

先生の紹介

P052_08 P052_08A P052_08B

新しいおともだちが増えました

P052_09 P052_09A P052_09B

先生 紹介

P052_10 P052_10A P052_10B

新しいおともだちが増えました

P052_11 P052_11A P052_11B

先生の紹介

P052_12 P052_12A P052_12B

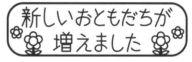
新しいおともだちが増えました

P052_13 P052_13A P052_13B

あたらしいおともだち

P052_14 P052_14A P052_14B

あたらしいおともだち

P052_15

P052_18

P052_16 P052_17

P052_19

バスの送迎について

バス到着時刻の5分前に準備して、指定の場所でお待ちください。

なお、4月のはじめはバスが遅れることもありますのでご了承ください。

P053_01

バスの送迎

P053_02

予定時刻が過ぎたらバスが出発しますので、出発時刻5分前には所定の場所でお待ちください。予定時刻がずれるとほかの方にも影響が出てしまうので、スムーズにバスが発車できるようご協力お願いします。

P053_03

バスの到着時刻に遅れないように、5分前には指定場所にてお待ちください。朝の忙しい時間ですが、バス送迎がスムーズに行えるようにご協力お願いします。

P053_04

P053_05

P053_06

P053_07

P053_08

P053_09

P053_10

P053_11

P053_12

P053_13

P053_14

P053_15

こちらも参照ください

P.161：「入園式のおたより文例・イラスト」

 P046-P057_Apr ➡ P053

持ち物に名前を書きましょう

4月は、忘れ物や持ち物の紛失が多くなります。

持ち物には必ず名前を書いてください。

P054_01

🎀 名前を書きましょう

P054_02

持ち物には必ず名前を書いてください。ほかのお子さんの持ち物と区別できるよう、はっきりわかりやすくご記入ください。

P054_03

持ち物には名前を書きましょう。4月は持ち物の紛失の多い季節です。タオルなど、おともだちと同じになることもあるので、区別できるようにわかりやすく記入してください。

P054_04

P054_05

P054_06

P054_07

P054_08

P054_09

P054_10

P054_11

P054_12

P054_13

P054_14

4月

身体測定、保護者様へ、衣服の着脱について、爪を切りましょう、ハンカチとティッシュ

身体測定

身体測定の日は、着脱しやすい服装で登園するようお願いします。

園生活の中では、スモックの着脱や、衣服が汚れたときなどの着替えが多々あります。

衣服の着脱を子どもたちができるよう、ご家庭でも練習をお願いします。

P055_01

身体測定

P055_02

当園では、毎月○日に身体測定を行います。衣類には必ず名前を記入するようお願いします。髪の毛の長いお子さんは、結んで登園いただくようお願いします。

P055_03

毎月、月の初めに身体測定を行います。結果はお子さんの出席帳に記録しますのでご確認ください。また、測定日には、着脱しやすい服装で登園ください。名前の記入もお願いします。

P055_04

P055_05

P055_06

P055_07

保護者様へ

まだ園生活に慣れるまで時間がかかると思います。お子さんに何か変化がありましたら、○○園までご連絡ください。ちょっとした変化でもかまいません。

よろしくお願いします。

P055_08

衣服の着脱について

P055_09

園生活の中ではスモックの着脱や、汚れたときなど、着替える機会が多々あります。衣服の着脱を子どもたちがすすんでできるよう、ご家庭でも練習をお願いします。

爪を切りましょう

P055_10

おともだちを傷つけてしまうこともあります。爪は常に短く切って衛生を保つようにしてください。

ハンカチとティッシュ

P055_11

ハンカチとティッシュはポケットに入れ、すぐに使えるよう習慣づけましょう。

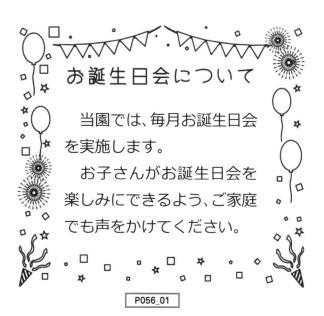

お誕生日会について

　当園では、毎月お誕生日会を実施します。

　お子さんがお誕生日会を楽しみにできるよう、ご家庭でも声をかけてください。

P056_01

✿ お誕生日会について

P056_02

当園では、毎月、お誕生日会を行います。歌を歌ったり、先生からの出し物で、誕生日のお子さんをお祝いします。みんなで楽しい時間を過ごす一日となります。

P056_03

毎月行う誕生日会は、子どもたちのお楽しみの一日です。みんなで歌を歌ったり、出し物をしたりして、誕生日の来るおともだちをお祝いします。誕生日カードやプレゼントもお渡しするのでご家庭でも楽しみにしていてください。

P056_04

P056_05

P056_06

P056_07

昭和の日

　ゴールデンウィークが始まります。4月29日の昭和の日ですが、2006年までは「みどりの日」だったことを覚えていますか？　さかのぼると1989年までは昭和天皇の「天皇誕生日」でした。元は天皇陛下の誕生日だったのですね。ちなみに「みどりの日」は「昭和の日」ができた2007年に5月4日になっています。祝日の名前も変わるのですね。

P056_08

✿ 昭和の日

P056_09

ゴールデンウィークのはじめの祝日は4月29日は昭和の日です。1989年までは、昭和天皇の「天皇誕生日」でした。【昭和】は【平成】の前の元号です。では、その前は？【大正】【明治】となります。どんな元号があるか、お子さんと調べたりクイズにして遊んではいかがですか？

P056_10

4月29日は昭和の日。昭和天皇の誕生日で、昭和の時代は天皇誕生日でした。平成時代は、みどりの日でしたね。ゴールデンウィークのはじめの祝日。季節もいいのでお出かけしたいですね。

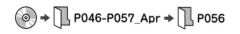

4月 エイプリルフール、図書館記念日、4月のイメージイラスト

☆ **エイプリルフール** ☆

起源はわかりませんが、4月1日は「嘘をついてもいい日」になっています。この日は、いろいろなところでユニークな「嘘」を目にします。でも、ネットの発達などで、エイプリルフールの嘘が広がりすぎて社会問題になることもあるようです。家族がなごむような「嘘」でコミュニケーションできるといいですね。

P057_01

🎀 **エイプリルフール**

P057_02

4月1日のエイプリルフールは、嘘をついてもいい日とされています。日本だけでなく世界的な風習です。日本では「4月馬鹿」と言われることもありますね。国によっては、嘘をつくのは午前中だけ、午後は種明かしするというルールもあるそうです。ユーモアのある嘘で楽しみたいですね。

🎀 **図書館記念日**

P057_03

4月30日は図書館記念日。1950年4月30日の図書館法公布を記念して制定されされました。図書館は、いろいろな本を、無償で借りられます。近くの図書館に足を運んでみてください。

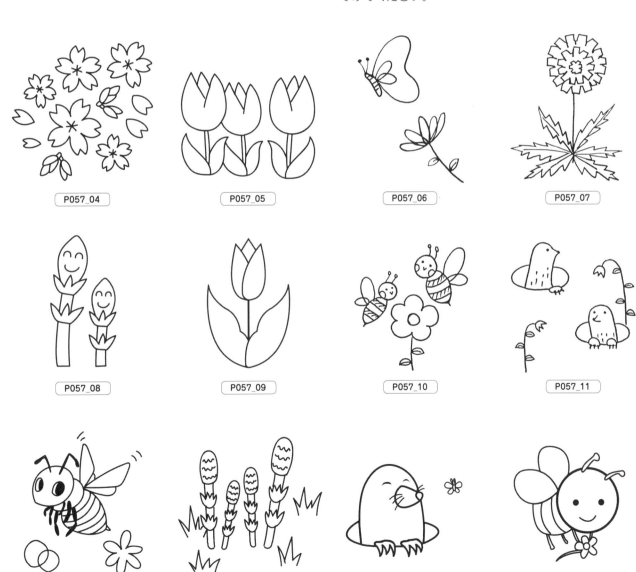

P057_04

P057_05

P057_06

P057_07

P057_08

P057_09

P057_10

P057_11

P057_12

P057_13

P057_14

P057_15

 サンプル❶

 ポイント❶

園生活に慣れてくる頃です。園庭の利用についてもお知らせしておくといいでしょう。

令和〇年〇月〇日
〇〇〇〇〇園

 みずみずしい若葉にあふれ、外遊びが気持ちいい季節ですね。園庭では、風をいっぱいに受けてこいのぼりが元気に泳ぎ、子どもたちを見守っています。ゴールデンウィークではお出かけなど各家庭で予定があると思いますが、お子さんの様子を良く見守り、安全に楽しく過ごしてください。

 お願い 放課後、園庭でお子さんを遊ばせるときは、保護者の方が責任を持ってしっかりと監督するようお願いします。

5月生まれのおともだち

えんどう　たいち　くん
おの　まいか　ちゃん
かざま　しょうご　くん

おたんじょうび
おめでとう

母の日について

母の日に向けて、子どもたちがお母さんの絵を描きました。「うちのママは髪の毛が長いんだよ」おともだちと話しながら、真剣に絵を描いていました。そんな光景を想像しながら受け取ってください。そして「ありがとう」と言ってあげてください。

ゴールデンウィーク

ゴールデンウィークは、日本だけの大型連休です。そのため、カタカナ用語ですが、海外では通じないのが一般的。でも、日本観光客の多いハワイやグアムでは、通じることもあるようです。

気温の変化が激しい時期です。着替えを多めに持たせてくださるようお願いします。
また、ご家庭でも服装の調節を心がけてください。

＊着替えを多めに＊

P058_01

 ポイント❷

5月は、夏日になることもあります。着替えを多めに用意をしてもらい、子どもたちが汗で濡れた服を着続けないようにしましょう。

5月のおたよりで気をつけること

・新しい環境で過ごした1カ月は、保護者の方も気になります。園での子どもたちの様子を中心に丁寧に書きましょう。
・こいのぼりなど、この時期ならではのイラストを活用し、季節感が伝わるおたよりにしましょう。

 サンプル❷

ポイント1

1カ月の行事の予定表は、保護者の方にとっても便利な情報です。期日や内容に誤りがないいように気をつけましょう。

 5月の クラスだより

令和〇年〇月〇日
〇〇〇〇〇園
担任：〇〇〇〇〇

新年度がスタートして早くも1カ月が経ちました。入園当初は泣いていた子どもたちも、今では元気に「先生、おはよう！」とあいさつをして登園してきてくれます。子どもたちの成長は早いですね。

❀ お願い ❀

- 落とし物が多い時期です。持ち物（特に靴や長靴）にはすべて名前を記入してください。
- 連休中は、規則正しい生活を心がけるようにしてください。

こどもの日について

5月5日はこどもの日です。

祝日法には、「こどもの人格を重んじ、こどもの幸福をはかるとともに、母に感謝する。」とあります。こどものことを思うだけでなく、母に感謝する日でもあるのですね。

こいのぼりの制作について

こいのぼりを制作しました。子どもたちは夢中で手を動かし、できあがると「もうひとつ作る！」との声も。

お子さんがご家庭に持ち帰ったら、ぜひ飾ってください。

お子さんに制作方法を聞いていただくと、どのようにして作ったのかわかり、園生活の様子を知るきっかけになると思います。

 ▽5月の予定▽

1日	
2日	
3日	
4日	
5日	
8日	
9日	
10日	
11日	
12日	
14日	
15日	
16日	
17日	
18日	
19日	
22日	
23日	
24日	
25日	
26日	
29日	
30日	
31日	

P059_01

ポイント2

園生活に慣れると、落とし物や持ち物の紛失が増えてきます。名前の再確認を促しましょう。

ポイント3

制作物を持ち帰る際は、制作中の子どもたちの様子やセリフなどを入れ、園生活の様子が伝わりやすくなるようにしましょう。

こちらも参照ください

「お知らせ」パート（P.160～P.185）には、行事の案内テンプレートやイラストが収録されています。「カット集」パート（P.186～P.201）には汎用的なカットが収録されています。ご利用ください。

5月

5月の園だより、5月のクラスだより、
5月のあいさつ文

5月

5月の園だより、5月のクラスだより、5月のあいさつ文

P060_01　P060_01A　P060_01B

P060_02　P060_02A　P060_02B

P060_03　P060_03A　P060_03B

5月の園だより

P060_04　P060_04A　P060_04B

P060_05　P060_05A　P060_05B

5月のクラスだより

P060_06　P060_06A　P060_06B

5月クラスだより

P060_07　P060_07A　P060_07B

5月のクラスだより

P060_08　P060_08A　P060_08B

❀ 5月のあいさつ文

P060_09

新年度がスタートして早くも1カ月が経ちました。入園当初は泣いていた子どもたちも、今では元気に「先生、おはよう！」とあいさつをして登園してきてくれます。子どもたちの成長は早いですね。

P060_10

みずみずしい若葉にあふれ、外遊びが気持ちいい季節ですね。園庭では、風をいっぱいに受けてこいのぼりが元気に泳ぎ、子どもたちを見守っています。ゴールデンウィークではお出かけなど各家庭で予定があると思いますが、お子さんの様子をよく見守り、安全に楽しく過ごしてください。

P060_11

早いもので、園生活も2カ月目に突入。ご自宅でのお子さんの様子はいかがでしょうか？　○○園では、園庭の遊具や玩具、絵本に興味を示し先生と一緒に遊んでいます。これからの園生活も楽しみです。

P060_12

新年度が始まり、約1カ月が経ちました。おともだちの名前も覚え、名前を呼び合い仲良く遊ぶ姿が見られるようになりました。その反面、まだ、緊張や不安の強いお子さんもいます。少しずつ園に慣れることができるようサポートしていきたいと思います。

P061_01 P061_01A P061_01B

P061_02 P061_02A P061_02B

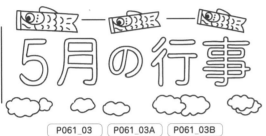

P061_03 P061_03A P061_03B

P061_04 P061_04A P061_04B

P061_05 P061_05A P061_05B

P061_06 P061_06A P061_06B

P061_07 P061_07A P061_07B

P061_08 P061_08A P061_08B

P061_09 P061_09A P061_09B

P061_10 P061_10A P061_10B

P061_11 P061_11A P061_11B

P061_12 P061_12A P061_12B

P061_16

P061_17

P061_18

P061_13 P061_14 P061_15

◎ → 🚪 P058-P067_May → 🚪 P061

5月 5月生まれのおともだち、子どもたちの姿

5月生まれのおともだち

えんどう　たいち　くん
おの　まいか　ちゃん
かざま　しょうご　くん

おたんじょうび
おめでとう

P062_01

5月生まれのおともだち

えんどう　たいち　くん
おの　まいか　ちゃん
かざま　しょうご　くん

おたんじょうび
おめでとう

P062_02

🎀 子どもたちの姿

P062_04

園生活が始まってから緊張ぎみだった子どもたちですが、少しずつ園生活に慣れ、元気な笑顔が見られるようになりました。子どもたち同士で自然に名前を呼び合うようになり、「入れて」「いいよ」のやり取りも聞こえます。おともだちとの関わりが増え、うれしく思います。

P062_05

母の日のプレゼント制作で絵の具を使いました。絵の具を使うことが大好きな子どもたち。「ママはピンク色が好きだからピンクに塗る!」など、お母さんのことを考えて一生懸命制作しました。

P062_06

お母さんのどんなところが好きですか?と聞くと、「おめめ!」「お家で一緒に遊んでくれるところ」「動物園に行ってくれるところ」と恥ずかしそうに、でもしっかりとお話ししてくれました。子どもたちの感謝の気持ちのこもった母の日のプレゼントです。

P062_07

今月は内科健診がありました。白衣を着たお医者さんの姿に緊張する子どもたちでしたが、ぎゅっと先生の手を握り無事に乗り切ることができました。

P062_08

健康診断からお部屋に戻ってくると、体操着に自分でお着替え。後ろ前に着てしまうこともありましたが、自分で着替えに挑戦する姿はほほえましかったです。

子どもたちの姿

5月の日差しを浴びて、新緑も美しい時期になりました。園庭では子どもたちがさまざまな発見をしています。

「先生〜てんとう虫見つけた!ありの巣がたくさんある!」と毎日教えてくれます。

P062_03

P062_09

サツマイモの苗植えを行いました。サツマイモの苗をやさしく寝かせて、土のお布団をかけ、そっと「トントン」とする姿はかわいらしかったです。秋になったら、美味しいお芋がたくさんできますように。

P062_10

入園して1カ月が経ちました。ほとんどの子どもたちが、緊張の面持ちで過ごしていましたが、いまでは笑顔に変わりました。お部屋の中でおともだち同士「おはよう!」と声をかけ合うとうれしくてすぐに遊んでしまう姿が見られます。進んでお仕度をして、おともだちと仲良く遊べるよう配慮していきたいと思います。

P062_11

生活リズムを整え、健康に過ごす大切さを知り、のびのびとからだを動かして遊んでほしいですね。

5月 こどもの日、こいのぼりの制作

こどもの日について

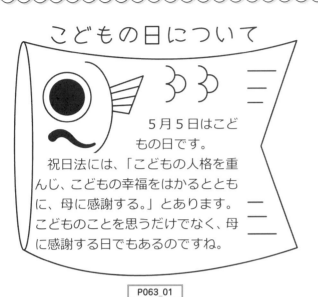

5月5日はこどもの日です。

祝日法には、「こどもの人格を重んじ、こどもの幸福をはかるとともに、母に感謝する。」とあります。こどものことを思うだけでなく、母に感謝する日でもあるのですね。

P063_01

こいのぼりの制作について

こいのぼりを制作しました。子どもたちは夢中で手を動かし、できあがると「もうひとつ作る！」との声も。

お子さんがご家庭に持ち帰ったら、ぜひ飾ってください。

お子さんに制作方法を聞いていただくと、どのようにして作ったのかわかり、園生活の様子を知るきっかけになると思います。

P063_04

🎀 こどもの日

P063_02

5月5日はこどもの日。お子さんがすくすくと元気に成長していることをお祝いする日です。連休なので家族でお出かけするのもいいですね。おうちで柏餅やちまきを食べたりするもの楽しいです。夜は親子で菖蒲湯に入るのもおすすめです。お子さんと楽しい一日をお過ごしください。

P063_03

こどもの日に食べる柏餅。なぜこどもの日に柏餅を食べるようになったのでしょう。柏餅の柏は、新しい芽が出るまで古い葉が落ちずに残ることから、「家系が絶えない」など縁起のいいものとされており、子どもの成長を祝うこどもの日に柏餅を食べるようになったと言われています。

🎀 こいのぼりの制作

P063_05

こいのぼりを制作しました。絵の具や和紙を使って、鯉のウロコをダイナミックに表現しました。ホールに展示していますので、ぜひご覧ください。

P063_06

新聞紙を使って、こいのぼりを作りました。好きな色で塗ったり、折り紙を貼ったりして、ユニークなこいのぼりがたくさんできました。世界にひとつしかないオリジナルこいのぼりです。

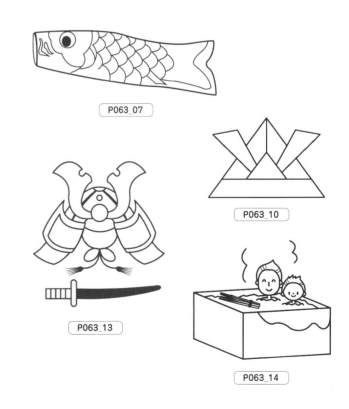

P063_07

P063_10

P063_13

P063_14

P063_08

P063_09

P063_11

P063_12

5月 母の日、着替えを多めに

母の日について

母の日に向けて、子どもたちがお母さんの絵を描きました。「うちのママは髪の毛が長いんだよ」おともだちと話しながら、真剣に絵を描いていました。

そんな光景を想像しながら受け取ってください。そして「ありがとう」と言ってあげてください。

P064_01

🎀 母の日

P064_02

5月の第二日曜日は母の日です。子どもたちは、大好きなお母さんに手作りプレゼントを用意しました。なかなか言葉にできない感謝の気持ちですので、「ありがとう」と返してあげてください。

P064_03

5月の第二日曜日は母の日です。お子さんと一緒に、ご実家に出かけたり、電話してみたりしてはいかがでしょう。母の日に、自分の子どもと孫に会えるのは、なによりのプレゼントのはずです。

P064_04

P064_05

P064_06

P064_07

P064_08

P064_09

P064_10

気温の変化が激しい時期です。着替えを多めに持たせてくださるようお願いします。

また、ご家庭でも服装の調節を心がけてください。

＊着替えを多めに＊

P064_11

🎀 着替えを多めに

P064_12

暖かくなりお子さんが元気いっぱい外遊びする季節です。汗をかいたり汚れたりして、着替えをする回数が増えます。着替えを多めにご用意いただくようにお願いします。

P064_13

園生活にも慣れ、子どもたちはおともだちと元気に外遊びをしています。汗をかいたり、汚れたりすることが増えてくるので、着替えを多めに準備していただくようお願いします。

5月 ゴールデンウィーク、親子遠足

ゴールデンウィーク

連休中は、規則正しい生活を心がけるようにしましょう。

気温の変化が激しい時期ですので、ご家庭でも服装を調節してください。

P065_01

❀ ゴールデンウィーク

P065_02

ゴールデンウィークという名称は、映画業界の賑わうこの期間を、ラジオの高視聴率時間帯であるゴールデンタイムからとって生まれたというのが通説です。そのため、NHKでは大型連休と呼んでいます。

P065_03

ゴールデンウィークは、日本だけの大型連休です。そのため、カタカナ用語ですが、海外では通じないのが一般的。でも、日本観光客の多いハワイやグアムでは、通じることもあるようです。

P065_04

P065_05

P065_06

P065_07

P065_08

P065_09

P065_10

P065_11

親子遠足

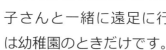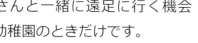

5月は親子遠足があります。お子さんと一緒に遠足に行く機会は幼稚園のときだけです。

おともだちや先生も一緒に楽しい遠足の思い出が作れるようにしたいと思います。どうぞ、楽しみにしていてください。

P065_12

❀ 親子遠足

P065_13

5月○日に親子遠足を予定しています。お子さんと一緒の遠足は保育園のときだけできることです。おともだちやおともだちの保護者の方、そして先生と一緒に楽しい一日を過ごしましょう。

P065_14

5月○日は親子遠足です。小学校に上がると、お子さんと一緒に遠足に行く機会はありません。お子さんがおともだちや先生と楽しく過ごす姿を見ながら、楽しい一日を送りましょう。

健康診断について

　○月○日は健康診断です。当日は着脱しやすい服装での登園をお願いします。

　身長、体重測定のほか、園医の先生の診察があります。先生に事前にお伝えすることがありましたら、お知らせください。

P066_01

P066_04

🎀 健康診断について

P066_02

○月○日に健康診断があります。園医の先生による内科、眼科、歯科、耳鼻科の診察を行います。体操着での登園をお願いします。また、衣服に名前を記入しているか再度ご確認ください。

P066_03

○月○日に健康診断を行います。内科、眼科、歯科、耳鼻科の診察を行います。検査結果は、出席帳に記入しますので、持ち帰ったときに確認してください。治療が必要なときは、別途ご連絡いたします。

P066_05

わかめの日

　こどもの日の5月5日は、わかめの日でもあります。子どもの成長に欠かせないミネラルやビタミンをたくさん含むわかめを食べてもらおうと、日本わかめ協会が制定した日です。

P066_06

🎀 看護の日

P066_07

5月12日は看護の日です。ナイチンゲールの誕生日にちなみ制定されました。国内のみならず、国際看護師の日として世界的な記念日となっています。医療現場には、看護師の力が欠かせません。お医者さんにかかったときなどに、看護師さんの役割を教えてあげてください。小学生向けになりますが、ナイチンゲールの絵本はたくさん出版されているので、一緒に読むのもいいですね。

🎀 憲法記念日

P066_08

5月3日は憲法記念日です。1947年に、現在の日本国憲法の施行を記念して制定された祝日です。憲法と法律の違いをご存じですか？　憲法は国の基本となる最高法規、一番重要な決まり事です。家族でも大切なことは決めておきましょう。

🎀 八十八夜

P066_09

「夏も近づく八十八夜〜♪」と歌にもある八十八夜は、立春から数えて88日目、毎年5月2日頃のことをいいます。緑が濃くなり、夏めいてきて、霜がおりることもなくなることから、種まきや茶摘みが始まる時期となります。歌を歌いながら親子で一緒に手をたたく手遊びがあります。ネット動画などで見られますので、お子さんとやってみてください。

5月

愛鳥週間、5月のイメージイラスト

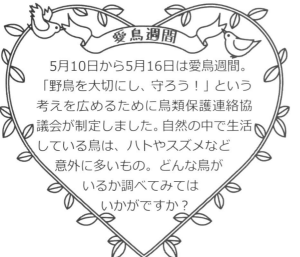

5月10日から5月16日は愛鳥週間。「野鳥を大切にし、守ろう！」という考えを広めるために鳥類保護連絡協議会が制定しました。自然の中で生活している鳥は、ハトやスズメなど意外に多いもの。どんな鳥がいるか調べてみてはいかがですか？

P067_01

🎀 愛鳥週間

P067_02

5月10日から5月16日は愛鳥週間です。身の回りでも多くの野鳥を観察できます。特徴的な鳴き声を聞いたら、インターネットで調べてみてはいかがでしょう。さまざまな鳥の鳴き声を聞くことができます。

P067_03

5月10日から5月16日は愛鳥週間。野鳥を大切にすることを目的としています。実は身近にたくさんいる野鳥。名前と姿が一致しますか？ 図鑑で調べると楽しいですよ。お子さんと一緒に野鳥探ししてみてください。

P067_04

P067_05

P067_06

P067_07

P067_08

P067_09

P067_10

P067_11

P067_12

P067_13

P067_14

P067_15

P067_16

愛鳥週間、5月のイメージイラスト

 サンプル❶

 ポイント❶

暑くなってくるので、園での対応をお伝えしましょう。ご家庭へのご協力のお願いがあるときは、その旨も伝えましょう。

令和〇年〇月〇日
〇〇〇〇〇園

 6月の園だより

暑い季節が近づいてきました。当園ではこまめに水分補給を行い、熱中症予防をしていきます。そのため、お子さんに水筒を持たせてください。中身はお茶、または水とします。ご協力よろしくお願いします。

6月10日は時の記念日です。日本で初めて時計が使われた日を記念して大正時代に制定されました。初めての時計は、水の流れを利用した水時計だそうです。
　時計は身近にもいろいろな種類があります。壁に掛ける時計、腕時計、テレビやスマホにも時計があります。お子さんと時計を探してみてはいかがですか。

時の記念日

歯科検診と虫歯予防について

　〇月〇日は歯科検診です。朝の歯磨きを忘れずに行ってください。
　歯磨きの習慣は、子どもの頃に身につけるのが一番です。虫歯のない歯で食事できるように、歯を大切にしましょう。

 6月の行事

〇日　〇〇〇〇〇〇〇
〇日　〇〇〇〇〇〇〇
〇日　〇〇〇〇〇〇〇
〇日　〇〇〇〇〇〇〇
〇日　〇〇〇〇〇〇〇

☀ プール開きについて

　子どもたちみんなが大好きなプール遊びが始まります。検温したら必ずプールカードへの記入を行い、お子さんに持たせてください。

6月生まれのおともだち

えんどう　たいち　くん
おの　まいか　ちゃん
かざま　しょうご　くん

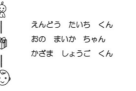

おたんじょうび　おめでとう

P068_01

 ポイント❷

プール開きをする園では、その旨を伝えましょう。用意するものなどは、別途お知らせするといいでしょう。

6月のおたよりで気をつけること

・梅雨の季節ならではのイラストを使って、この時期に行った遊びや子どもたちの姿を伝えていきましょう。
・この時期は保育室で過ごすことが多くなります。室内での子どもたちの様子も伝えていきましょう。

6月

6月のおたより用テンプレート ❷

サンプル❷

ポイント1

あいさつ文で、子どもたちがどのような園生活を送っているか伝えるようにしましょう。

令和○年○月○日
○○○○○園
担任：○○○○○

時計の制作について

時の記念日制作として、時計を作りました。子どもたちは文字盤に興味を持ったようです。

時計の針は実際に動くように作りました。ご家庭でも制作した時計を使って、時間を意識して過ごしてみてください。

雨の日が続いています。室内遊びが多くなり、「お外で遊びたいな〜」という声が子どもたちから聞こえます。そのため、ホールに行ったときは、おもいきりからだを動かして遊ぶようにしています。また、テラスから外を眺めていると、カタツムリを発見して大喜びで観察する姿が見られました。この季節ならではの雨風の音、身近にある草花などの自然に気づけるよう工夫をして、子どもたちと楽しく過ごしていきたいと思います。

6月の行事

虫歯予防デー

6月4日〜10日は、歯と口の健康週間です。1938年まで「6（む）4（し）」にちなんで、6月4日を虫歯予防デーと呼んでいました。今でも広く認識されていますね。子どもの頃の歯磨きの習慣は、大人になっても大切な歯を守ります。虫歯のない歯で、美味しく食べたいですね。

○日　○○○○○○
○日　○○○○○○
○日　○○○○○○
○日　○○○○○○
○日　○○○○○○
○日　○○○○○○
○日　○○○○○○
○日　○○○○○○

6月生まれのおともだち

えんどう　たいち　くん
おの　まいか　ちゃん
かざま　しょうご　くん

おたんじょうび
おめでとう

P069_01

ポイント2

6月は歯と口の健康週間があります。歯磨きの大切さを伝えるようにしましょう。

> **こちらも参照ください**
>
> 「お知らせ」パート（P.160〜P.185）には、行事の案内テンプレートやイラストが収録されています。「カット集」パート（P.186〜P.201）には汎用的なカットが収録されています。ご利用ください。

6月の園だより、6月のクラスだより、6月のあいさつ文

P070_01　P070_01A　P070_01B

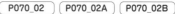

P070_02　P070_02A　P070_02B

P070_03　P070_03A　P070_03B

P070_04　P070_04A　P070_04B

P070_05　P070_05A　P070_05B

P070_06　P070_06A　P070_06B

P070_07　P070_07A　P070_07B

P070_08　P070_08A　P070_08B

🎀 6月のあいさつ文

P070_09

雨の日が続いています。ご家庭でも自宅で過ごすことが多くなっていると思いますが、ケガなどに十分気をつけてお過ごしください。

P070_10

初夏の気持ちいい季節ですが、梅雨も近づいてきています。寒暖差が激しく、体調をくずしやすい時期です。風邪をひかないようにご注意ください。

P070_11

道ばたに咲いているアジサイがとてもきれいな季節です。長い雨が続き、傘をさしての外出が増えますが、足下に注意してお出かけください。

P070_12

健康診断を通して自分のからだに興味を持ったお子さんもいるようです。保育室では病院ごっこで遊ぶ姿が見られます。子どもたちのかわいいやり取りについ笑顔になります。

P070_13

梅雨の合間に太陽が顔をのぞかせると、子どもたちは急いで園庭に出て行きます。水たまりも子どもたちにとって絶好の遊び場になっています。

P070_14

雨の合間にお散歩に出かけました。子どもたちは、道ばたのアジサイにカタツムリを見つけて大はしゃぎ。気温の変動が多いので、体調に気をつけてお過ごしください。

6月

6月の行事、6月のこんだて、その他のイラスト

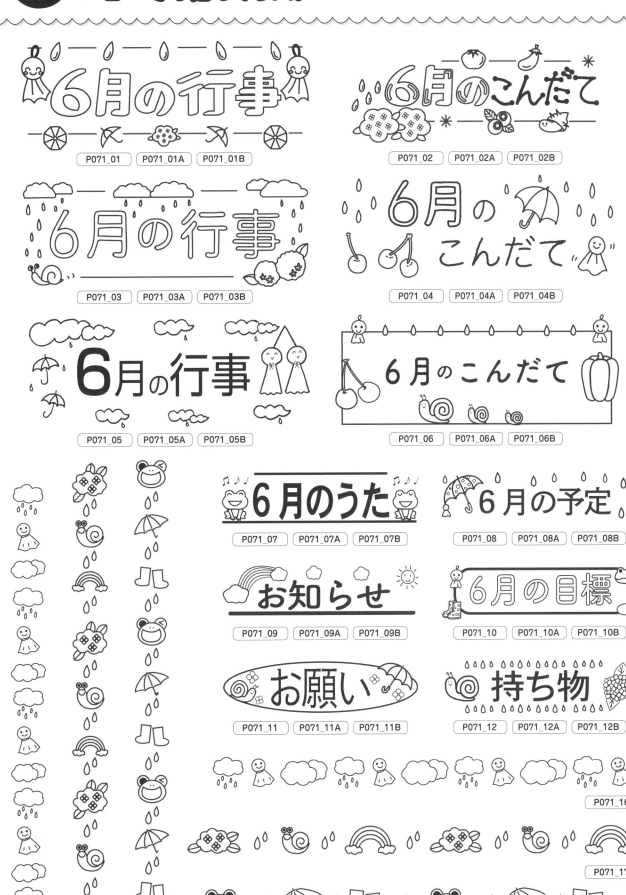

6月の行事
P071_01　P071_01A　P071_01B

6月のこんだて
P071_02　P071_02A　P071_02B

6月の行事
P071_03　P071_03A　P071_03B

6月のこんだて
P071_04　P071_04A　P071_04B

6月の行事
P071_05　P071_05A　P071_05B

6月のこんだて
P071_06　P071_06A　P071_06B

6月のうた
P071_07　P071_07A　P071_07B

6月の予定
P071_08　P071_08A　P071_08B

お知らせ
P071_09　P071_09A　P071_09B

6月の目標
P071_10　P071_10A　P071_10B

お願い
P071_11　P071_11A　P071_11B

持ち物
P071_12　P071_12A　P071_12B

P071_13　P071_14　P071_15

P071_16

P071_17

P071_18

6月

6月生まれのおともだち、子どもたちの姿

6月生まれのおともだち

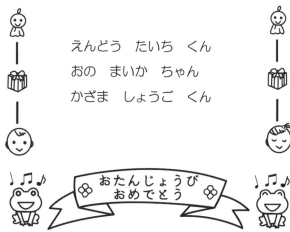

えんどう　たいち　くん
おの　まいか　ちゃん
かざま　しょうご　くん

おたんじょうび おめでとう

P072_01

6月生まれのおともだち

えんどう　たいち　くん
おの　まいか　ちゃん
かざま　しょうご　くん

おたんじょうび おめでとう

P072_02

子どもたちの姿

P072_04

雨の中お散歩に行くと、花壇の中にカタツムリを発見。順番にカタツムリを観察し「何を食べるのかなあ」「お部屋で飼う？」「カタツムリもっといないかな」とカタツムリに興味津々でした。雨の日も子どもたちにとっては絶好の遊び日和ですね。

P072_05

父の日のプレゼント制作では、お父さんの顔を描きました。お父さんの眼鏡をどう描こうか迷ったり、髭はクレヨンをトントンさせながらたくさん描いたり、お父さんの顔を思い浮かべ丁寧に描いていました。

P072_06

父の日のプレゼントを制作した子どもたち。「お父さん、いつもありがとう」とプレゼントを渡す練習もばっちり。お父さんに早くプレゼント渡す！と張り切っていました。

P072_07

園庭の隣に竹林がありますが、タケノコがひょっこり顔を出し始めました。○○園で行ったたけのこ体操をしながら、ぐんぐん大きくなるのを見守っています。ご家庭でも機会があれば、今が旬のタケノコを食べてみてください。

P072_08

ホールで「おもちゃのちゃちゃちゃ」の曲に合わせてカスタネットを鳴らして遊びました。みんなで合わせるときれいに揃った素敵な音が出て、子どもたちも大喜びでした。これからも曲を変えてカスタネット遊びをしていきたいと思います。

子どもたちの姿

雨の日は室内遊びが多くなりがちですが、外でも遊びたい子どもたちの気持ちを汲み取り、傘をさして園庭をお散歩しました。「○○ちゃんの傘かわいいね〜」。自分の傘をさせることがうれしいようでした。

P072_03

P072_09

今月は歯科検診があります。○○園では「歯を磨きましょう」の歌を歌って、給食後の歯磨きも意識して丁寧に行っています。歯科検診の朝は必ず歯磨きをお願いします。

P072_10

保育参観では、おうちの人が園にきてくれたうれしさから、大張り切りの子、そわそわしている子、さまざまでした。でも園におうちの人が来てくれたことがとてもうれしかったようです。今も「お母さん今度いつ来てくれるかな」と話しています。

P072_11

園庭のプランターに野菜を植えました。子どもたちは交代で当番をして一生懸命水やりをしてきました。野菜が実りぐんぐん成長していく様子をうれしそうに観察しています。

6月

父の日、時の記念日、楽器の日、夏至

父の日について

6月の第三日曜日は父の日です。プレゼントの内容は「お酒」や「食べ物」が多いとのこと。でも「なにも期待していない」お父さんも多いようです。親子で一緒に過ごすだけでも、十分なプレゼントですね。

おじいちゃんと親子三代揃ってお食事でもすれば、とっても素敵な父の日になりますね。

P073_01

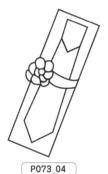

P073_04

P073_05

P073_08

P073_09

父の日

P073_02

6月の第三日曜日は父の日です。いつも働いているお父さんに、子どもたちがプレゼントを作りました。感謝の気持ちのこもったプレゼントです。受け取ったときは満面の笑みで「ありがとう」と言ってあげてくださいね。

P073_03

父の日に向けて、お父さんの似顔絵を描きました。絵を描くときは子どもたちも真剣な顔。でもすぐにおともだちと絵を見せ合うと、お父さん自慢が始まります。子どもたちは「ありがとう」と恥ずかしくて言えないかもしれませんが、絵を受け取ったら「ありがとう」と返してあげてください。

P073_06

P073_07

P073_10

P073_11

楽器の日

P073_13

6月6日は楽器の日です。「芸事の稽古はじめは、6歳の6月6日にすると上達する」といういわれに由来しています。雨が多いこの時期、お子さんと一緒に楽器を始めてはいかがですか?

夏至

P073_14

夏至は、一年で最も昼の時間が長くなる日で、年によって変わりますが6月20日頃になります。昼といっても、太陽が出てから沈むまでです。東京なら14時間30分ぐらいなので、一日の半分以上が明るいということですね。

6月10日は時の記念日です。日本で初めて時計が使われた日を記念して大正時代に制定されました。初めての時計は、水の流れを利用した水時計だそうです。

時計は身近にもいろいろな種類があります。壁に掛ける時計、腕時計、テレビやスマホにも時計があります。お子さんと時計を探してみてはいかがですか。

時の記念日

P073_12

···· 時計の制作について ····

時の記念日制作として、時計を作りました。子どもたちは文字盤に興味を持ったようです。

時計の針は実際に動くように作りました。ご家庭でも制作した時計を使って、時間を意識して過ごしてみてください。

P074_01

🎀 時計の制作

P074_02

時の記念日制作として、時計を作りました。今回はペットボトルのキャップで腕時計に挑戦。時計の針も動くようにしました。時間を使って数字に興味を持つきっかけになるとうれしいです。

P074_03

時の記念日を迎える前に共同で大きな柱時計を作りました。振り子もついています。玄関ホールに展示しますので、ぜひご覧ください。

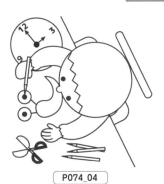

P074_04

P074_05

P074_06

P074_07

P074_08

☀ プール開きについて

子どもたちみんなが大好きなプール遊びが始まります。検温したら必ずプールカードへの記入を行い、お子さんに持たせてください。

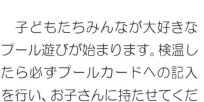

P074_09

🎀 プール開き

P074_10

プール遊びが始まります。タオル、水着、プール用帽子に必ず名前を記入して、プールバッグに入れてお子さんにお持たせください。

P074_11

○月○日から、プール遊びを開始します。雨が多いので実施できない日も多いと思いますが、雨のやんだ少しの間でも入ることがあります。プールを予定している日は、タオル、水着、プール用帽子をお子さんにお持たせください。

P074_12

P074_13

P074_14

P074_15

6月

衣替えについて、ジャガイモ掘りについて、水筒持参について

衣替え

　　　○月○日（　）から衣替えです。夏服での登園をお願いします。気温の低い日は長そでのものを中に着せてもかまいません。
　　　また、衣服や持ち物の記名も再度ご確認ください。

P075_01

P075_04

P075_05

P075_06

ジャガイモ掘りについて

　　　○月○日（　）にジャガイモ掘りを行います。汚れてもかまわない服装で登園してください。また、大きめの袋をお子さんにお持たせください。

P075_11

P075_12

P075_13

🎀 衣替えについて

P075_02

○月○日（　）から衣替えになります。登園は夏服でお願いします。暑い季節にあった半そで・半ズボンの夏服で元気いっぱい遊びましょう。梅雨時で肌寒い日は、長そでの服を着させてもかまいません。

P075_03

○月○日（　）から衣替えになります。厚着をしていると、汗で体温を下げ、風邪の原因になることがあります。その日の気候に合った服装を心がけましょう。

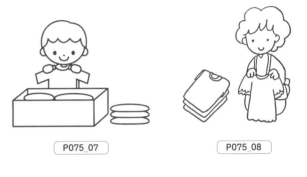

P075_07

P075_08

P075_09

P075_10

🎀 ジャガイモ掘りについて

P075_14

○月○日（　）にジャガイモ掘りを行います。体操着で登園してください。
雨天の場合は○月○日（　）に実施予定です。

🎀 水筒持参について

P075_15

暑い季節が近づいてきました。当園ではこまめに水分補給を行い、熱中症予防をしていきます。そのため、お子さんに水筒を持たせてください。中身はお茶、または水とします。ご協力よろしくお願いします。

歯科検診と虫歯予防について

○月○日は歯科検診です。朝の歯磨きを忘れずに行ってください。

歯磨きの習慣は、子どもの頃に身につけるのが一番です。虫歯のない歯で食事できるように、歯を大切にしましょう。

P076_01

虫歯予防デー

6月4日～10日は、歯と口の健康週間です。1938年まで「6（む）4（し）」にちなんで、6月4日を虫歯予防デーと呼んでいました。今でも広く認識されていますね。子どもの頃の歯磨きの習慣は、大人になっても大切な歯を守ります。虫歯のない歯で、美味しく食べたいですね。

P076_04

🎀 歯科検診と虫歯予防

P076_02

○月○日は歯科検診です。忘れずに、朝の歯磨きをしてください。歯は食事をするのに大切なもの。健康なからだを作るには、歯が丈夫であることが重要です。歯磨きの習慣をつけるようにしてください。

P076_03

○月○日に歯科検診を行います。登園前に、忘れずに歯磨きをお願いします。子どもの頃に歯磨きの習慣をつけると、大人になってからも虫歯になりにくい強い歯になるものです。ご家庭でも子どもたちが歯磨きを進んでできるようにしてください。

🎀 歯と口の健康週間

P076_05

6月4日～10日を歯と口の健康週間。6月4日が6（む）4（し）と読めることから、6月4日を虫歯予防デーとしていたのが始まりです。さて、歯の数をご存じですか？子どもの乳歯は全部で20本、大人の永久歯は親知らずを除いて28本です。虫歯のない歯で生活したいですね。

P076_06

6月4日～10日を歯と口の健康週間。6月4日を虫歯予防デーとしたのが始まりです。当園では、歯科検診の実施時に子どもたちに、お口と歯が元気だから、ご飯を美味しく食べられるとお話ししました。ご家庭でも歯を大切にすることを教えてあげてください。

P076_07

P076_08

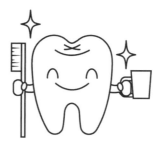

P076_09

P076_10

P076_11

P076_12

P076_13

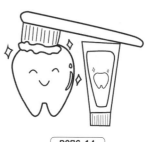

P076_14

6月 雨の日の過ごし方

雨の日の過ごし方について

雨の日が続いています。室内遊びが多くなり、「お外で遊びたいな〜」という声が子どもたちから聞こえます。そのため、ホールに行ったときは、おもいきりからだを動かして遊ぶようにしています。

P077_01

🎀 雨の日の過ごし方

P077_02

テラスから外を眺めていると、カタツムリを発見して大喜びで観察する姿が見られました。この季節ならではの雨風の音、身近にある草花などの自然に気づけるよう工夫をして、子どもたちと楽しく過ごしていきたいと思います。

P077_03

雨の多いこの時期ですが、ちょっとした晴れ間があると、子どもたちは元気に外遊びに出て行きます。ぬかるみも関係なく遊び、楽しそうです。服が汚れることが多いので、着替えを多めに用意してください。

P077_04

P077_05

P077_06

P077_07

P077_08

P077_09

P077_10

P077_11

P077_12

P077_13

P077_14

P077_15

サンプル❶

令和○年○月○日
○○○○○園

入園、進級から3カ月。今月はおともだちと一緒に過ごす、お泊まり保育を予定しています。一人での宿泊に不安もあると思いますが、子どもたちが自立する第一歩になると思います。ご家庭でも楽しみに過ごせるようお声かけください。

○日　○○○○○○○
○日　○○○○○○
○日　○○○○○○
○日　○○○○○○
○日　○○○○○

海の日

7月の第3月曜日は海の日です。1996年に制定された新しい祝日です。はじめは7月20日固定だったそうですが、日曜日と祝日をつなげて連休にするハッピーマンデー制度で、月曜日の祝日となりました。
ちょうど梅雨が明けて天候の安定する"梅雨明け十日"です。お出かけするのにちょうどいいお休みですね。

夕涼み会について

○月○日（　）　　時〜

夕涼み会を行います。当日はお昼寝をさせてから、浴衣、甚平を着させて登園させてください。

熱中症に注意

梅雨が明け、本格的な暑さになってきました。当園では熱中症予防のため、水分補給をこまめに行っています。
ご自宅でも、喉が渇く前の水分補給を心がけてください。

7月生まれのおともだち

あいかわ　たくと　くん
いまなか　ゆうか　ちゃん
えんどう　たいち　くん
おの　まいか　ちゃん

おたんじょうび
おめでとう☆

P078_01

ポイント❶

園での行事は、日時を間違えずに伝えましょう。

7月のおたよりで気をつけること

・夏の遊びを楽しんでいる様子をイラストと併用して伝えていきましょう。
・夏休みの過ごし方も、子どもたちが保護者の方と一緒に確認できるよう記載しましょう。

7月

7月のおたより用テンプレート ❷

サンプル❷

令和〇年〇月〇日
〇〇〇〇〇園
担任：〇〇〇〇〇

あっという間に 1 学期の終了を迎えようとしています。入園式で泣いていたのが嘘のように笑顔で登園し、身支度を済ませると元気に遊んでいます。園生活にすっかり慣れた様子に、子どもたちの成長の早さを感じます。2 学期も子どもたちに会えるのを楽しみにしています。

熱中症対策について　梅雨が明けると注意したいのが熱中症です。〇〇園ではこまめな水分補給、日陰を選んでの外遊び、帽子をかぶるなどを徹底しています。気温の高い日は、ご家庭でも注意してお過ごしください。

7月生まれのおともだち

あいかわ　たくと　くん
いまなか　ゆうか　ちゃん
えんどう　たいち　くん
おの　まいか　ちゃん

おたんじょうび
おめでとう

七夕制作

七夕に向けて、笹飾りを作りました。子どもたちのかわいらしい願いごとをぜひ見にきてください。

みんなの願いが叶いますように……。

夏休みのお約束

・早寝早起きをしましょう。
・テレビは時間を決めて見ましょう。
・お手伝いを進んで行いましょう。
・交通ルールはしっかり守りましょう。
・知らない人についていかないようにしましょう。
・危ないところで遊ばないようにしましょう。
・手洗い、うがい、歯磨きを忘れずにしましょう。
・おうちの人と一緒に絵本を読みましょう。
・暑さに負けないようにお昼寝をしましょう。
・冷たいものは食べ過ぎないようにしましょう。

 **7月のうた**
♪きらきらぼし

P079_01

ポイント1

夏休みの過ごし方や注意点を伝えましょう。サンプルは文字量が多いですが、いくつかわかりやすい約束に絞ってもいいでしょう。

ポイント2

みんなで歌った曲名などを伝えると、ご家庭でも保護者の方と子どもが一緒に歌うことができるでしょう。

 こちらも参照ください

「お知らせ」パート（P.160 〜 P.185）には、行事の案内テンプレートやイラストが収録されています。「カット集」パート（P.186 〜 P.201）には汎用的なカットが収録されています。ご利用ください。

7月

7月の園だより、7月のクラスだより、7月のあいさつ文

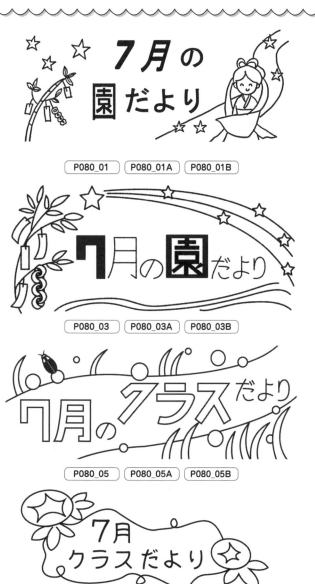

P080_01 P080_01A P080_01B

P080_02 P080_02A P080_02B

P080_03 P080_03A P080_03B

P080_04 P080_04A P080_04B

P080_05 P080_05A P080_05B

P080_06 P080_06A P080_06B

P080_07 P080_07A P080_07B

P080_08 P080_08A P080_08B

7月のあいさつ文

P080_09

暑い季節になりました。先日はお忙しい中、保育参観に来ていただきありがとうございました。子どもたちはおうちの人が園に来てくれたのでとてもうれしそうでした。

P080_10

本格的な夏が目の前です。子どもたちは、外遊びではダンゴムシやカタツムリを見つけました。虫かごに入れて育てると張り切っています。子どもたちの観察力には驚いてしまいます。

P080_11

梅雨が明け、青空が広がっています。夏ならではの行事に楽しんで参加する姿が見られました。これからもおともだちや先生と、たくさん楽しい思い出を作っていきましょう。

P080_12

入園、進級から3カ月。今月はおともだちと一緒に過ごす、お泊まり保育を予定しています。一人での宿泊に不安もあると思いますが、子どもたちが自立する第一歩になると思います。ご家庭でも楽しみに過ごせるようお声かけください。

P080_13

早いもので1学期も終わります。「○○園は楽しいな」「早く○○園に行っておともだちや先生と遊びたいな」と思う気持ちが育つよう、今後も保育していきたいと思います。

P080_14

月日の経つのは早く、入園、進級から3カ月。園生活はいかがだったでしょうか。夏休みになりますが、生活リズムをくずさず元気にお過ごしください。

7月

7月の行事、7月のこんだて、その他のイラスト

P081_01　P081_01A　P081_01B

P081_02　P081_02A　P081_02B

P081_03　P081_03A　P081_03B

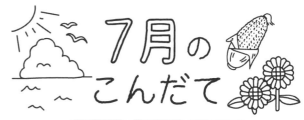

P081_04　P081_04A　P081_04B

P081_05　P081_05A　P081_05B

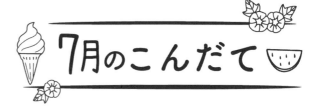

P081_06　P081_06A　P081_06B

7月のうた

P081_07　P081_07A　P081_07B

7月の予定

P081_08　P081_08A　P081_08B

お知らせ

P081_09　P081_09A　P081_09B

7月の目標

P081_10　P081_10A　P081_10B

お願い

P081_11　P081_11A　P081_11B

持ち物

P081_12　P081_12A　P081_12B

P081_16

P081_17

P081_18

P081_13　P081_14　P081_15

7月生まれのおともだち

えんどう　たいち　くん

おの　まいか　ちゃん

かざま　しょうご　くん

おたんじょうび
おめでとう

P082_01

7月生まれのおともだち

えんどう　たいち　くん

おの　まいか　ちゃん

かざま　しょうご　くん

おたんじょうび
おめでとう

P082_02

子どもたちの姿

P082_04

先生の手遊びを見て、にこにこ笑い、リズムに合わせて手足や、からだを動かして遊んでいます。

P082_05

給食のお当番の順番が回ってくるのを楽しみにしている子どもたち。「今日は○○グループがお当番でしょう？」「今日お当番頑張る！」とお当番が回ってくるのを心待ちにしています。

P082_06

給食のお当番さんにお休みの子がいると「手伝おうか？」「大丈夫？」と声をかけてくれる優しい子どもたち。お当番活動を通して、おともだちを思いやる気持ちや、グループで力を合わせることの大切さも育まれているようです。

P082_07

お泊まり保育が近づいてまいりました「先生！お泊まり保育、あと何日寝たら？」「一人でも泊まれるよ」「花火するんでしょう？」とお泊まり保育へ向け期待をふくらませ毎日を過ごしています。

P082_08

七夕飾りをしました。短冊に何をお願いするか、おともだち同士で話し合い、一生懸命考えていました。輪つなぎ制作では、おともだちと協力して「一番長いのを作る」と夢中になって作っていました。みんなの願いが叶いますように。

子どもたちの姿

プール開きでは、子どもたちが安全に楽しく水遊びができるようお願いしました。

プールに入れる日を楽しみにしていてください。

P082_03

P082_09

入園、進級から３カ月が経ちました。４月は緊張から泣いてしまったり、ママに会いたいとそっと呟く子もいましたが、今ではすっかり園生活に慣れて、登園してからの身支度も進んで行っています。

P082_10

園生活にも慣れ、おともだちとの関わりが増えてきました。もっと遊びたい気持ちからお片付けに時間がかかることもあります。できたことは認めて、自分でできたときの達成感を大切にしていき、お片付けに取り組めるようにしていきたいと思います。

P082_11

「○○園は楽しいな」「早く○○園に行っておともだちや先生と遊びたいな」と思う気持ちが育つよう、２学期も保育していきたいと思います。

7月

一学期終了のあいさつ、夕涼み会、夏祭りのイメージイラスト

あっという間に1学期の終了を迎えようとしています。入園式で泣いていたのが嘘のように笑顔で登園し、身支度を済ませると元気に遊んでいます。園生活にすっかり慣れた様子に、子どもたちの成長の早さを感じます。2学期も子どもたちに会えるのを楽しみにしています。

1学期終了のあいさつ

P083_01

夕涼み会について

○月○日（　）　　時～

夕涼み会を行います。当日はお昼寝をさせてから、浴衣、甚平を着させて登園させてください。

P083_04

❀ 一学期終了のあいさつ

P083_02

1学期が終了します。入園式では不安な顔をしていたお子さんも、元気いっぱいに登園して、おともだちと遊んでいます。子どもたちの成長の早さには驚くばかりです。2学期も、楽しい思い出をたくさん作りたいと思います。

P083_03

早いもので1学期が終了します。笑顔の少なかった子どもたちも、毎日とびきりの笑顔で登園してきてくれるようになり、うれしく思います。2学期も元気な子どもたちに会えることを楽しみにしています。

❀ 夕涼み会

P083_05

子どもたちの夏のお楽しみ、園庭にて夕涼み会を行います。
　○月○日（　）　午後5時～7時
当日は浴衣、甚平を着させて登園させてください。

P083_06

園庭にて夕涼み会を行います。金魚すくいやヨーヨー釣り、花火などを予定しています。子どもたちが大好きな行事ですので、ぜひご参加ください。
　○月○日（　）　午後5時～7時

P083_07

P083_08

P083_09

P083_10

P083_11

P083_12

P083_13

P083_14

7月

七夕について、七夕制作

七夕について

7月7日は七夕です。おり姫とひこ星が天の川を渡って一年に一度だけ会えるこの日。なぜ天の川を隔てて別れてしまったか知ってますか？　おり姫とひこ星はどちらも働き者で、神様が引き合わせて夫婦になりますが、結婚後に楽しくて仕事をしなくなったため、神様が引き離してしまったそうです。衝撃的な原因ですね。

P084_01

七夕について

P084_02

七夕は、おり姫とひこ星が年に一度会える日。その話をすると、子どもたちは空を見ながら、七夕の日の天気を心配していました。みんなのやさしい気持ちが育っていて、私もうれしく思いました。七夕当日、ご家庭でもお子さんと星が見られたらいいですね。

P084_03

七夕といえばおり姫とひこ星。でも7月7日は梅雨ですから星は見えないことも多いです。元々七夕は太陰太陽暦の7月7日で、今のカレンダーでは8月になります。国立天文台では、太陰太陽暦の七夕を「伝統的七夕」として広めています。

P084_04

P084_05

P084_06

P084_07

P084_08

P084_09

P084_10

P084_11

七夕制作

七夕に向けて、笹飾りを作りました。子どもたちのかわいらしい願いごとをぜひ見にきてください。

みんなの願いが叶いますように……。

P084_12

七夕制作

P084_13

七夕に向けて、笹飾りを作りました。子どもたちは、好きな色の折り紙を使って人形を作ったり、短冊を作ったりして、笹に飾り付けました。

P084_14

七夕に向けて、七夕飾りを作りました。色とりどりの折り紙を使って、先生と一緒にみんなで一生懸命飾りを作りました。作成した飾りは、しばらく園に飾ってから自宅への持ち帰りとなります。ご家庭でもぜひ飾ってくださいね。

7月

プール遊びの様子、海の日

プール遊び

プールカードは、直接、登園の先生に手渡してください。
水着、プール用帽子に名前を記入の上、プールバッグに入れてお子さんにお持たせください。

P085_01

 海の日

7月の第3月曜日は海の日です。1996年に制定された新しい祝日です。はじめは7月20日固定だったそうですが、日曜日と祝日をつなげて連休にするハッピーマンデー制度で、月曜日の祝日となりました。
ちょうど梅雨が明けて天候の安定する"梅雨明け十日"です。お出かけするのにちょうどいいお休みですね。

P085_04

❀ プール遊びの様子

P085_02

水遊びが大好きな子どもたち。プールのある日は「いつ入るの？」と、プール遊びを心待ちにしています。くれぐれもプールカードをお忘れなく。

P085_03

晴れた夏空の下、子どもたちの歓声が聞こえます。初めは水が苦手だった子も、今ではワニに変身したり、おともだちと水かけっこをしたり、水遊びを全身で楽しんでる姿が見られます。この時期ならではの遊びをめいっぱい楽しんでほしいと思います。

❀ 海の日

P085_05

7月の第3月曜日は海の日です。「海の恩恵に感謝し、海洋国日本の繁栄を願う日」として制定されました。四方を海に囲まれた日本は、海の恵みをたくさん受けています。きれいで安全な海が続くように心がけたいですね。

P085_06

7月の第3月曜日は海の日。海にありがとうの気持ちをもち、大切にしていこうという願いが込められた日です。美味しいお魚を食べられるのも、海の恵みのおかげです。また、いろいろな物資を運ぶには、船による海運が欠かせません。広い広い海に、感謝したいですね。

P085_07

P085_08

P085_09

P085_10

P085_11

P085_12

P085_13

P085_14

◎ → P078-P087_July → P085

夏休みのお約束

・早寝早起きをしましょう。
・テレビは時間を決めて見ましょう。
・お手伝いを進んで行いましょう。
・交通ルールはしっかり守りましょう。
・知らない人についていかないようにしましょう。
・危ないところで遊ばないようにしましょう。
・手洗い、うがい、歯磨きを忘れずにしましょう。
・おうちの人と一緒に絵本を読みましょう。
・暑さに負けないようにお昼寝をしましょう。
・冷たいものは食べ過ぎないようにしましょう。

P086_01

夏休みの過ごし方

P086_02

夏休みが始まります。夏休み中は、規則正しい生活をするように心がけてください。お子さんは外遊びしたいと思いますが、気温の高い日は室内で過ごしてください。朝のラジオ体操や、夕方のお散歩などがおすすめです。

P086_03

夏休みが始まります。家族旅行や帰省などでお出かけする機会も多いと思います。外出中は手をつなぐなどしてはぐれないように注意してください。また、気温が高いので、帽子の着用をお願いします。楽しい夏休みをお過ごしください。

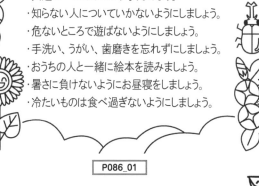

P086_04

P086_05

P086_06

P086_07

P086_08

P086_09

P086_10

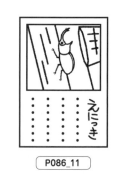

P086_11

P086_12

P086_13

P086_14

P086_15

P086_16

P086_17

P086_18

P086_19

7月 野菜の収穫、熱中症に注意

野菜収穫について

6月に植えた野菜を収穫しました。

収穫した野菜は給食室に持っていき、調理してもらい、給食の時間にみんなで少しずつ分けて食べました。ピーマンが苦手だと言っていたお子さんも一口食べると「おいしい」と、おかわりをするほどした。自分たちで育てた野菜はやはり格別ですね。

P087_01

🎀 野菜の収穫

P087_02

園庭のプランターで育てた野菜を収穫しました。子どもたちが一生懸命水やりをして実った野菜です。収穫した野菜は、順番にお持ち帰りにしますので、ぜひご家庭でお料理して食べてください。好き嫌いがなくなればうれしいです。

P087_03

春に植えた枝豆を収穫しました。子どもたちが当番で水やりして育てた枝豆、美味しそうに実りました。収穫した枝豆は、塩ゆでにしてみんなでいただきました。自分たちで育てた枝豆はやっぱり特別！美味しそうに食べていました。

P087_04

P087_05

P087_06

P087_07

熱中症に注意

梅雨が明け、本格的な暑さになってきました。当園では熱中症予防のため、水分補給をこまめに行っています。

ご自宅でも、喉が渇く前の水分補給を心がけてください。

P087_08

🎀 熱中症に注意

P087_09

本格的な夏の暑さがやってきます。○○園では、気温が高いときの外遊びは避けるようにしています。また、こまめな水分補給を行っています。ご家庭でも、定期的な水分補給、外出時の帽子の着用をお願いします。

P087_10

梅雨が明けると注意したいのが熱中症です。○○園ではこまめな水分補給、日陰を選んでの外遊び、帽子をかぶるなどを徹底しています。気温の高い日は、ご家庭でも注意してお過ごしください。

P087_11

P087_12

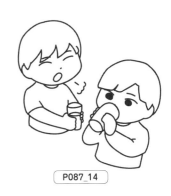

P087_13

P087_14

サンプル❶

8月の園だより

令和〇年〇月〇日
〇〇〇〇〇園

子どもたちの成長はほんとにあっという間で、ハイハイしていた子が立ち上がったり、何かにつかまってやっと歩いていた子がゆっくりと歩けるようになったりします。子どもたちには驚かされます。

もうすぐ2学期です。一瞬一瞬を大切にして、これからも子どもたちとの信頼関係を深めていきたいと思います。

8月11日は「山の日」で祝日です。2014年（平成26年）に制定された新しい祝日です。山の日ができるまでは8月には祝日がなかったのですね。

山というと山登り。ちょっとハードなイメージがありますが、山歩き程度のハイキングはいかがですか？　意外に近いところにハイキングコースがあるものですよ。

〇日　〇〇〇〇〇〇〇
〇日　〇〇〇〇〇〇〇
〇日　〇〇〇〇〇〇〇
〇日　〇〇〇〇〇〇〇
〇日　〇〇〇〇〇〇

お泊まり保育について

〇月〇日（　）にお泊まり保育を行います。

子どもたちが楽しみにしているお泊まり保育ですが、初めて親御さんの元を離れてお泊まりするお子さんも多いと思います。心配なことや事前に知らせておきたいことがありましたら、いつでもご相談ください。

夏の健康について

・ 子どもたちは汗かきです。こまめに汗を拭く習慣をつけ、着替えを多めに準備しましょう。
・ こまめに水分補給をしましょう。
・ 猛暑が続いています。外遊びをするときは忘れずに帽子をかぶりましょう。
・ 冷房の温度に気をつけましょう。
・ 冷たいものの取りすぎに注意しましょう。

お知らせ

子どもたちは一足先に夏休みになりましたが、当園も下記の日程で夏休みとなります。

〇月●日〜〇月●日

よろしくお願いします。

P088_01

ポイント❶

お泊まり保育があるときは、保護者が安心できるよう配慮した文章を載せましょう。

ポイント❷

夏の健康の注意点を伝えることも重要です。

ポイント❸

園が夏休みとなるときは、夏休み期間を忘れずに伝えましょう。

8月のおたよりで気をつけること

・夏期保育などの様子を中心に伝えていきましょう。
・熱中症など、夏の健康面で気をつけることも記載しましょう。

8月のおたより用テンプレート❷

ポイント1

外出時の帽子の着用など、夏の生活に注意点
をわかりやすく伝えましょう。

令和〇年〇月〇日
〇〇〇〇〇園
担任：〇〇〇〇

暑い日が連続しています。当園では必ず帽子をか
ぶって遊んでいます。熱中症対策として水分補給を
しつつ、帽子を忘れずにかぶって外出しましょう。

8月のうた
♪手のひらを太陽に

8月生まれのおともだち

えんどう　たいち　くん
おの　まいか　ちゃん
かざま　しょうご　くん

おたんじょうび
おめでとう

暑中お見舞申し上げます

暑い日が続いていますが、元気に過
ごしていることと思います。夏祭りで
は子どもたちの涼しげな浴衣や甚平
姿がかわいらしかったですね。元気に
お神輿を担ぐ姿も頼もしかったです。
夏休みの思い出の一つになったこと
でしょう。
体調に気をつけて、楽しい
夏休みをお過ごしください。

子どもたちの姿

水遊びの大好きな子ども
たち。プールのある前の日は
「明日はどの水着を着よう
かな」「プール早く入りた
い！」と、うきうきが止まら
ないようです。

花火の日

8月1日は花火の日。夏の空を彩
る打ち上げ花火はとってもきれいで
すね。花火見物のかけ声「たまや〜」。
さて「たまや〜」って何でしょう。
実は江戸時代の代表的な花火
屋さん「玉屋」のことです。ちな
みに「鍵屋」もあり、それぞれの
花火が上がるときに、声をあげ
たのが由来です。

P089_01

ポイント2

子どもたちがプール遊びを楽しんでいる様子
を伝えましょう。

こちらも参照ください

お泊まり保育は、P.180 の「お泊まり保育のお知らせテン
プレート」や、P.181 の「お泊まり保育のおたより文例・
イラスト」も参照ください。
また、「お知らせ」パート（P.160〜P.185）には、行事の
案内テンプレートやイラストが収録されています。「カット
集」パート（P.186〜P.201）には汎用的なカットが収録
されています。ご利用ください。

P090_01   P090_01A   P090_01B

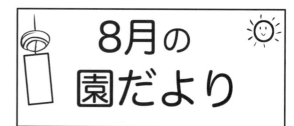

P090_02   P090_02A   P090_02B

P090_03   P090_03A   P090_03B

8月の
園だより

P090_04   P090_04A   P090_04B

P090_05   P090_05A   P090_05B

P090_07   P090_07A   P090_07B

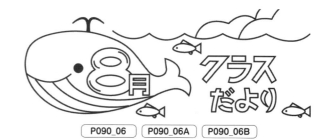

P090_06   P090_06A   P090_06B

8月のクラスだより

P090_08   P090_08A   P090_08B

8月のあいさつ文

P090_09

暑い日が連続しています。当園では必ず帽子をかぶって遊んでいます。熱中症対策として水分補給をしつつ、帽子を忘れずにかぶって外出しましょう。

P090_10

子どもたちの成長はほんとにあっという間で、ハイハイしていた子が立ち上がったり、何かにつかまってやっと歩いていた子がゆっくりと歩けるようになったりします。子どもたちには驚かされます。

P090_11

子どもたちの成長は早いですね。もうすぐ2学期です。一瞬一瞬を大切にして、これからも子どもたちとの信頼関係を深めていきたいと思います。

P090_12

当園では、給食中は食事のマナーを守り、さまざまな食材に興味をもてるよう配慮しています。ご家庭での食事の際も子どもたちが育ててきた野菜や、絵本の中に登場する食材の話などしてみてください。

P090_13

夏期保育に子どもたちが元気に登園してきてくれてうれしく思います。久しぶりに、おともだちや先生とたくさん遊びましょう。

P090_14

子どもたちは一足先に夏休みになりましたが、当園も下記の日程で夏休みとなります。
○月●日〜○月●日
よろしくお願いします。

8月

8月の行事、8月のこんだて、その他のイラスト

P091_01　P091_01A　P091_01B

P091_02　P091_02A　P091_02B

P091_03　P091_03A　P091_03B

P091_04　P091_04A　P091_04B

P091_05　P091_05A　P091_05B

P091_06　P091_06A　P091_06B

P091_07　P091_07A　P091_07B

P091_08　P091_08A　P091_08B

P091_09　P091_09A　P091_09B

P091_10　P091_10A　P091_10B

P091_11　P091_11A　P091_11B

P091_12　P091_12A　P091_12B

P091_13　P091_14　P091_15

P091_16

P091_17

P091_18

8月

8月生まれのおともだち、子どもたちの姿

8月生まれのおともだち

えんどう　たいち　くん
おの　まいか　ちゃん
かざま　しょうご　くん

おたんじょうび
おめでとう

P092_01

8月生まれのおともだち

えんどう　たいち　くん
おの　まいか　ちゃん
かざま　しょうご　くん

おたんじょうび
おめでとう

P092_02

子どもたちの姿

P092_04

プールに入ると「きゃー！」「気持ちいい！」「冷たい！」と大はしゃぎで遊んでいます。「先生、わにさんみてみて！」「10秒顔をつけられたよ」と水に慣れていく様子も多く見られます。暑い日が続きますので、夏期保育ではたくさんプールに入って遊びたいと思います。

P092_05

暑い時期ですが、水分補給をしっかりして帽子をかぶり、元気いっぱい外遊びをしています。

P092_06

育てていた野菜がたくさん実り、子どもたちは毎日「今日はどれくらい大きくなったかな」「もう取る？」と収穫を楽しみにしています。

P092_07

みんなで育てたピーマンを収穫しました。ハサミで切って収穫し、大切に両手で抱えて給食室に持って行き調理してもらいました。給食の時間に食べると、ピーマンが苦手な子も自分たちで育てたピーマンは美味しかったようで、苦手を克服。ちょっぴり成長できました。

P092_08

夕涼み会で踊った盆踊りがお気に入りになった子どもたち。自分たちでアレンジを加えながら踊っています。とてもかわいらしく、つい手拍子をしてしまいます。

P092_09

早い時間にゴロゴロと雷。大きな落雷の音に泣き出す子も。「みんな一緒だから怖くないよ」と誰かが言うと、みんな少し笑顔に。でも、おへそをずっと手で押さえていました。

子どもたちの姿

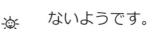

水遊びの大好きな子どもたち。プールのある前の日は「明日はどの水着を着ようかな」「プール早く入りたい！」と、うきうきが止まらないようです。

P092_03

P092_10

お泊まり保育では、おともだちや先生と夏の楽しい思い出を作ることができました。ご家庭を離れて泊まった経験は、子どもたちの大きな成長と自信につながったことと思います。お泊まり保育後の子どもたちの表情は誇らしげでした。おうちでも一人で泊まれたことをたくさん褒めてあげてください。

P092_11

暑い日々が続いていますが、子どもたちは暑さに負けず、元気いっぱい遊んでいます。外遊びは、日中日差しの強い時間を避けたり、熱中症対策として水遊びも行っています。引き続き、こまめな水分補給を大切にし夏の遊びを楽しみたいと思います。

8月 山の日、花火の日

8月11日は「山の日」で祝日です。2014年（平成26年）に制定された新しい祝日です。山の日ができるまでは8月には祝日がなかったのですね。

山というと山登り。ちょっとハードなイメージがありますが、山歩き程度のハイキングはいかがですか？　意外に近いところにハイキングコースがあるものですよ。

P093_01

🎀 山の日

P093_02

8月11日は山の日。2014年からの新しい祝日です。8月には、祝日がありませんでした。しかし海の日があるのに山の日がないのはおかしいとのことから、「山の日の制定協議会」を中心に働きかけて定められました。

P093_03

8月11日は山の日。「山に親しむ機会を得て、山の恩恵に感謝する」日として2016年から開始されました。日本で一番高い山といえば富士山。では2番目はご存じですが？南アルプスの北岳（3193m）です。

P093_04　　　　P093_05

P093_06　　　　P093_07

花火の日

8月1日は花火の日。夏の空を彩る打ち上げ花火はとってもきれいですね。花火見物のかけ声「たまや〜」。さて「たまや〜」って何でしょう。

実は江戸時代の代表的な花火屋さん「玉屋」のことです。ちなみに「鍵屋」もあり、それぞれの花火が上がるときに、声をあげたのが由来です。

P093_08

🎀 花火の日

P093_09

8月1日は花火の日。戦後日本では花火が禁止されていた時期があり、それが解禁されたのが8月1日だったことが由来です（諸説あります）。夏の夜空に映える花火。近くで見ると、きれいなだけでなく、音も迫力あります。花火見物に出かけてみてはいかがですか？

P093_10

8月1日は花火の日です。日本の夏といえば、夜空を彩る打ち上げ花火。各地で花火大会が行われます。家族でご旅行に行かれるなら、行き先に花火大会があるかをチェックしてみては？　楽しい思い出になると思います。

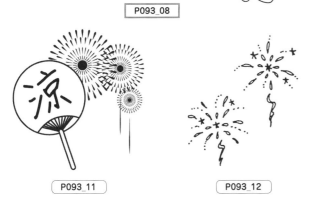

P093_11　　　　P093_12

P093_13　　　　P093_14

8月

夏の健康について、夏のイメージイラスト

 ## 夏の健康について

- 子どもたちは汗かきです。こまめに汗を拭く習慣をつけ、着替えを多めに準備しましょう。
- こまめに水分補給をしましょう。
- 猛暑が続いています。外遊びをするときは忘れずに帽子をかぶりましょう。
- 冷房の温度に気をつけましょう。
- 冷たいものの取りすぎに注意しましょう。

P094_01

🎀 夏の健康について

P094_02

日差しの強い時間を避けて遊んだり、水遊びを取り入れるなど、当園では熱中症対策を行っています。こまめに水分補給をしていますので、引き続き水筒持参にご協力ください。水筒の中身はお茶やお水にしてください。

P094_03

汗をかいたら着替えさせてください。食事をしっかり取ることも重要です。冷たい食べ物や飲み物を取りがちですが、栄養バランスが偏らないように注意してください。

P094_04

熱中症に注意する季節になりました。当園ではこまめな水分補給を行っています。ご自宅でも水分補給、帽子をかぶるなどの対策をお願いします。前日との温度差の大きい暑い日は特に注意をお願いします。

P094_05　　P094_06　　P094_07　　P094_08

P094_09　　P094_10　　P094_11　　P094_12

P094_13　　P094_14　　P094_15　　P094_16

8月

暑中お見舞い申し上げます、残暑お見舞い申し上げます、夏のイメージイラスト

暑中お見舞申し上げます

　暑い日が続いていますが、元気に過ごしていることと思います。夏祭りでは子どもたちの涼しげな浴衣や甚平姿がかわいらしかったですね。元気にお神輿を担ぐ姿も頼もしかったです。夏休みの思い出の一つになったことでしょう。
　体調に気をつけて、楽しい夏休みをお過ごしください。

P095_01

❀ 残暑お見舞い申し上げます

P095_02

残暑お見舞い申し上げます。朝夕は涼しく感じられますが、まだまだ暑い日が続きます。お変わりなくお過ごしでしょうか。お泊まり保育では、子どもたちと花火などをして楽しみました。夏のいい思い出になったと思います。2学期に元気な顔を見られることを楽しみにしています。

P095_03

残暑お見舞い申し上げます。まだまだ暑い日が続きますが、お元気でお過ごしのことと思います。プール遊びでの子どもたちは、いつも以上に元気でした。夕涼み会での浴衣や甚平の姿もとてもかわいかったですね。2学期になったら日焼けした子どもたちと会えることを楽しみにしています。

P095_04

P095_05

P095_06

P095_07

P095_08

P095_09

P095_10

P095_11

P095_12

P095_13

P095_14

P095_15

9月のおたより用テンプレート ❶

サンプル❶

令和〇年〇月〇日
〇〇〇〇〇園

2学期が始まり、日焼けした子どもたちが元気に登園してきてくれました。久しぶりに会ったおともだちとも、仲良く遊ぶことができました。2学期は運動会や作品展といった大きな行事がたくさんあります。子どもたちが楽しんで参加できるようサポートしていきたいと思います。

 9月の行事

〇日 〇〇〇〇〇〇〇
〇日 〇〇〇〇〇〇〇
〇日 〇〇〇〇〇〇〇
〇日 〇〇〇〇〇〇〇
〇日 〇〇〇〇〇〇

敬老の日

防災の日

9月1日は防災の日、そして8月30日から9月5日までは防災週間です。
9月1日は、関東大震災が発生した日です。また、台風のシーズンでもあるため、地震や風水害などの自然災害に対する心構え等を育成するため、創設されました。
災害時の非常食や水などの備えは大丈夫ですか？　これを機会に用意しておきましょう。

秋分の日

9月23日前後は、昼と夜の長さが等しくなる「秋分の日」です。趣旨は「祖先をうやまい、なくなった人々をしのぶ。」です。
秋分の日を中心とした一週間は秋の彼岸で、お墓参りに出かける方も多いと思います。「暑さ寒さも彼岸まで」と言うように、彼岸を過ぎると徐々に秋めいてきます。季節の変わり目ですから、体調の変化に気をつけてお過ごしください。

宇宙の日

9月12日は「宇宙の日」です。1992年の国際宇宙年に制定され、毛利衛宇宙飛行士がスペースシャトルで宇宙へ飛び立った9月12日になりました。
毛利さん以来、多くの日本人宇宙飛行士が宇宙に行っています。なんと12人もいます（2020年12月現在）。そのうち2名は女性です。

9月生まれのおともだち

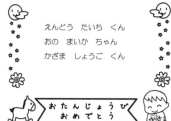

えんどう　たいち　くん
おの　まいか　ちゃん
かざま　しょうご　くん

おたんじょうび
おめでとう

P096_01

ポイント❶

9月は祝日が多いので、祝日の由来などを伝えるといいでしょう。

ポイント❷

日本では、祝日以外にも数多くの記念日があります。子どもたちが興味を持ちそうな記念日を伝えてみましょう。

9月のおたよりで気をつけること

・夏休み明けに、子どもたちが登園してきたときのできごとや、行事に向けての抱負を伝えていきましょう。
・秋らしい雰囲気が伝わるよう虫や葉っぱのイラストを入れましょう。

9月 9月のおたより用テンプレート❷

サンプル❷

ポイント1

2学期の始まりのあいさつでは、久しぶりに子どもたちと会えてうれしい気持ちを伝えましょう。

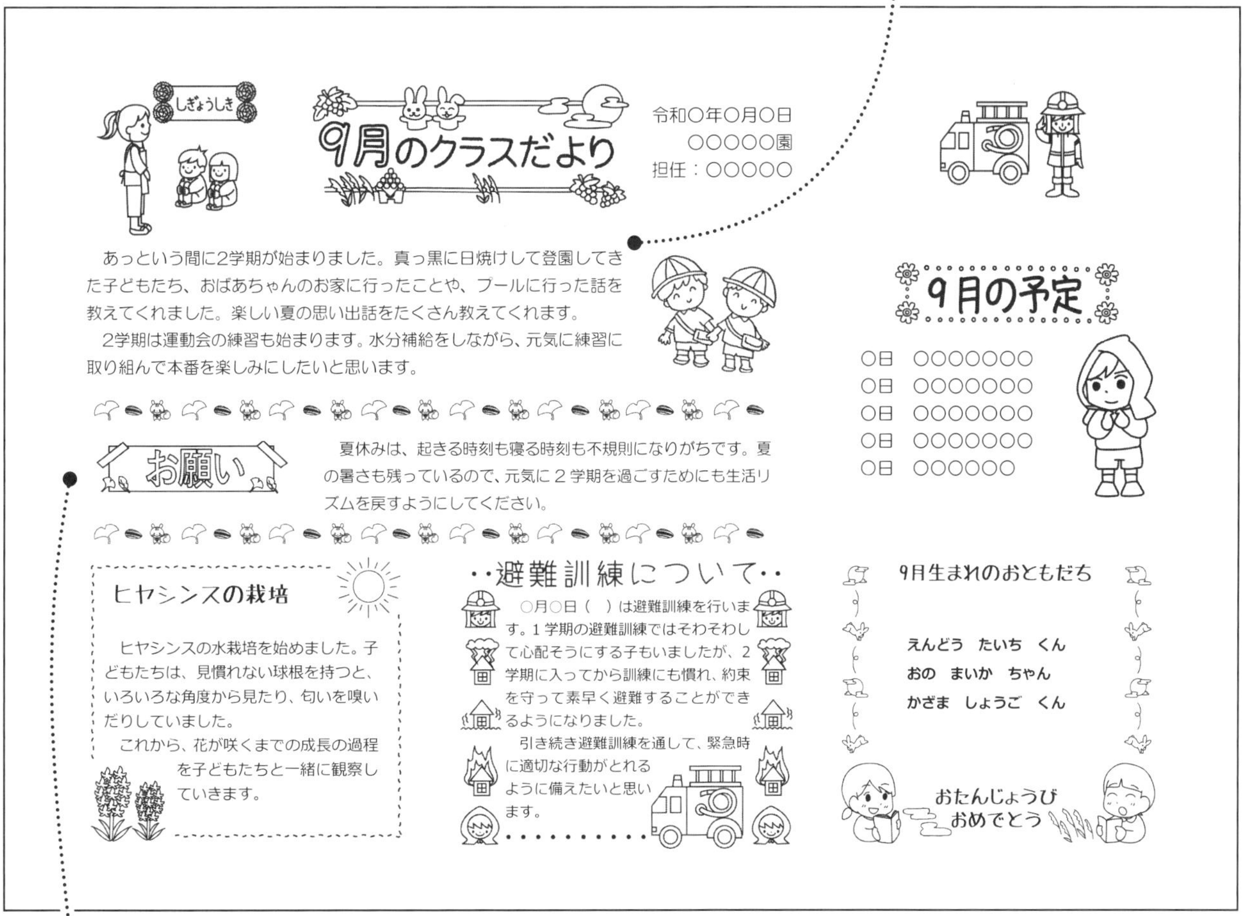

しぎょうしき

9月のクラスだより

令和〇年〇月〇日
〇〇〇〇〇園
担任：〇〇〇〇〇

あっという間に2学期が始まりました。真っ黒に日焼けして登園してきた子どもたち、おばあちゃんのお家に行ったことや、プールに行った話を教えてくれました。楽しい夏の思い出話をたくさん教えてくれます。
　2学期は運動会の練習も始まります。水分補給をしながら、元気に練習に取り組んで本番を楽しみにしたいと思います。

9月の予定

〇日　〇〇〇〇〇〇〇〇
〇日　〇〇〇〇〇〇〇〇
〇日　〇〇〇〇〇〇〇〇
〇日　〇〇〇〇〇〇〇〇
〇日　〇〇〇〇〇〇

お願い

夏休みは、起きる時刻も寝る時刻も不規則になりがちです。夏の暑さも残っているので、元気に2学期を過ごすためにも生活リズムを戻すようにしてください。

ヒヤシンスの栽培

　ヒヤシンスの水栽培を始めました。子どもたちは、見慣れない球根を持つと、いろいろな角度から見たり、匂いを嗅いだりしていました。
　これから、花が咲くまでの成長の過程を子どもたちと一緒に観察していきます。

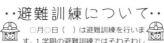
‥避難訓練について‥

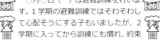
　〇月〇日（　）は避難訓練を行います。1学期の避難訓練ではそわそわして心配そうにする子もいましたが、2学期に入ってから訓練にも慣れ、約束を守って素早く避難することができるようになりました。
　引き続き避難訓練を通して、緊急時に適切な行動がとれるように備えたいと思います。

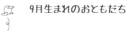
9月生まれのおともだち

えんどう　たいち　くん
おの　まいか　ちゃん
かざま　しょうご　くん

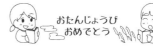
おたんじょうび
おめでとう

P097_01

ポイント2

気温の変化が激しい季節です。園生活も始まったので、規則正しい生活リズムを取り戻すことを伝えましょう。

こちらも参照ください

「お知らせ」パート（P.160〜P.185）には、行事の案内テンプレートやイラストが収録されています。
「カット集」パート（P.186〜P.201）には汎用的なカットが収録されています。ご利用ください。

 P096-P105_Sept ➡ P097　097

右側縦書き：9月　9月のおたより用テンプレート❷

P098_01　P098_01A　P098_01B

P098_02　P098_02A　P098_02B

P098_03　P098_03A　P098_03B

P098_04　P098_04A　P098_04B

P098_05　P098_05A　P098_05B

P098_06　P098_06A　P098_06B

P098_07　P098_07A　P098_07B

P098_08　P098_08A　P098_08B

9月のあいさつ文

P098_09

夏休みも終わり、いよいよ2学期のスタートです。久しぶりの登園で、泣いてしまう子もいましたが、園生活のリズムを取り戻していけるようにしたいと思います。

P098_10

まだまだ残暑が続くことが予想されますが、水分補給をこまめにとりながら、2学期も楽しく園生活が送れるようにしていきたいと思います。

P098_11

あっという間に2学期が始まりました。真っ黒に日焼けして登園してきた子どもたち、おばあちゃんのお家に行ったことや、プールに行った話を教えてくれました。楽しい夏の思い出話をたくさん教えてくれます。

P098_12

2学期が始まり、日焼けした子どもたちが元気に登園してきてくれました。久しぶりに会ったおともだちとも、仲良く遊ぶことができました。2学期は運動会や作品展といった大きな行事がたくさんあります。子どもたちが楽しんで参加できるようサポートしていきたいと思います。

P098_13

2学期は運動会の練習も始まります。水分補給をしながら、元気に練習に取り組んで本番を楽しみにしたいと思います。

P098_14

2学期も、先生やおともだちとたくさん遊びましょう。その中で、信頼関係をさらに深めていきたいと思います。2学期もよろしくお願いします。

P099_01　P099_01A　P099_01B

P099_02　P099_02A　P099_02B

P099_03　P099_03A　P099_03B

P099_04　P099_04A　P099_04B

P099_05　P099_05A　P099_05B

P099_06　P099_06A　P099_06B

P099_07　P099_07A　P099_07B

P099_08　P099_08A　P099_08B

P099_09　P099_09A　P099_09B

P099_10　P099_10A　P099_10B

P099_11　P099_11A　P099_11B

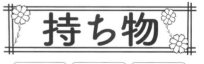

P099_12　P099_12A　P099_12B

P099_16

P099_17

P099_13　P099_14　P099_15

P099_18

P096-P105_Sept → P099

9月生まれのおともだち

えんどう　たいち　くん

おの　まいか　ちゃん

かざま　しょうご　くん

おたんじょうび
おめでとう

P100_01

9月生まれのおともだち

えんどう　たいち　くん

おの　まいか　ちゃん

かざま　しょうご　くん

おたんじょうび
おめでとう

P100_02

子どもたちの姿

P100_04

外遊びが大好きな子どもたち。おともだちと鬼ごっこをしたり、遊具ではブランコが大人気！待っているおともだちがいると10数え、交代することもできるようになりました。

P100_05

毎日の朝の体操も上手になりました。2学期も元気にからだを動かして遊んでいきたいと思います。

P100_06

幼稚園の園庭で「先生！トンボ飛んでる！網使っていい？」「蝉の抜け殻まだあるよ」自然の変化に気づく子どもたち。その変化に気づいたことをおともだちにも伝え、共感する姿が見られます。おともだちと一緒に発見した喜びを共有する経験をこれからもたくさんしていきたいと思います。

P100_07

新聞紙遊びを行いました。新聞紙を自由に切って、貼って、つなげて、丸めて…さまざまな形に変身していく過程が、見ていてとても楽しかったです。

P100_08

新聞紙遊びをしました。新聞紙を細く丸めて剣にしていた子が遊んでいるうちに折れてしまいました。強い剣にするため、新聞紙を何枚も巻き付けてセロハンテープで止め、頑丈な剣を作る工夫をしていました。完成したときの顔はなんとも誇らしげでした。

子どもたちの姿

長かったお休みが明け、お家での生活から○○園での生活へ！

久しぶりの登園で、不安げな表情の子もいましたが、これから毎日おともだちや先生とたくさん遊び、生活する中で、安心して過ごせるように配慮していきます。

P100_03

P100_09

新聞紙遊びでは、ドレスのように腰にたくさん新聞紙を巻いて、くるくる回って見せてくれる子がいたり、それぞれ新聞紙を思い思いに変身させ、遊ぶことができました。

P100_10

夏休み明け、久しぶりの登園で、「ママがいい」と言っている子もいましたが、おともだちが元気に遊ぶ姿をみて、一緒に遊び始めると、いつもの笑顔が戻りました。

P100_11

夏休みの期間、少し会わない間に子どもたちがずいぶん大きくなったなあと感じます。行事の多い2学期ですが、子どもたちと楽しく過ごし思い出を増やしていきたいと思います。どうぞよろしくお願いいたします。

2学期始まりのあいさつ

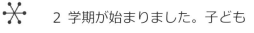

　※　2学期が始まりました。子どもたちも元気に登園してくれました。元気いっぱいに外遊びをしています。2学期は行事が多く予定されています。子どもたちが楽しめるように過ごしていきたいと思います。

P101_01

❀ 2学期始まりのあいさつ

P101_02

2学期が始まりました。日焼けした子どもたちが、たくましく見えます。2学期は運動会の練習や、作品展のための制作など、いろいろな行事の準備が待っています。子どもたちが楽しく過ごせるようにしていきたいと思います。

P101_03

2学期が始まり、元気いっぱいの笑顔で登園している子どもたちを見てうれしく思います。すぐに運動会や作品展などの行事の準備が始まります。過ごしやすい季節ですが、季節の変わり目で、風邪なども流行ってきます。健康に注意して過ごしたいと思います。

P101_04
P101_05

P101_06
P101_07

P101_08
P101_09

P101_10
P101_11

生活のリズムを戻そう

　夏休みは、起きる時刻も寝る時刻も不規則になりがちです。夏の暑さも残っているので、元気に2学期を過ごすためにも生活リズムを戻すようにしてください。

P101_12

❀ 生活のリズムを戻そう

P101_13

園生活が始まりました。夏休み中は、睡眠や食生活が不規則になりがちです。正しい生活リズムを取り戻すように心がけて過ごしてください。

P101_14

夏休み中は生活リズムが不規則になりがちです。決まった時間の早寝早起きを心がけ、生活リズムを戻すようにしましょう。

カバンの中を確認してください

園からの大切なお手紙が入っていることがあります。

毎日カバンの中を確認してくださるようお願いします。

P102_01

ヒヤシンスの栽培

ヒヤシンスの水栽培を始めました。子どもたちは、見慣れない球根を持つと、いろいろな角度から見たり、匂いを嗅いだりしていました。

これから、花が咲くまでの成長の過程を子どもたちと一緒に観察していきます。

P102_04

宇宙の日

9月12日は「宇宙の日」です。1992年の国際宇宙年に制定され、毛利衛宇宙飛行士がスペースシャトルで宇宙へ飛び立った9月12日になりました。

毛利さん以来、多くの日本人宇宙飛行士が宇宙に行っています。なんと12人もいます（2020年12月現在）。そのうち2名は女性です。

P102_07

❧ カバンの中を確認してください

P102_02

2学期は行事が多いので、園からの大切なお知らせやお手紙が入っていることがあります。帰宅後にカバンの中を確認してくださるようお願いします。

P102_03

カバンの中に園からのお手紙が入っているかをご確認いただくようお願いします。2学期は、行事のお知らせなどが増えますのでよろしくお願いします。

❧ ヒヤシンスの栽培

P102_05

ヒヤシンスの水栽培を始めました。子どもたちに、球根からきれいな花が咲くことをお話しすると、どんな花が咲くのかワクワクしていました。花が咲くまで2カ月ほど、子どもたちと一緒に、大事に育てていきたいと思います。

P102_06

ヒヤシンスの水栽培を始めました。初めて見る球根をカップに設置して、それぞれネームプレートを付けました。これから、どんな様子で花が咲いていくかを観察しながら、絵日記で記録していきます。花が咲くのが楽しみです。

❧ ひじきの日

P102_08

9月15日はひじきの日です。三重県ひじき協同組合が制定しました。ひじきは「食べると長生きする」と言われる健康食です。ちなみにひじきは海藻です。少し甘めに煮ると、子どもたちも食べやすいようです。

❧ 動物愛護週間

P102_09

毎年9月20日〜26日は動物愛護週間です。ペットを飼われているご家庭も多いと思います。かわいい猫や犬がいると、癒やされてますよね。一緒の生活を楽しんでください。動物とふれ合える動物園やテーマパークにお出かけするのもいいですね。

9月

避難訓練について、防災の日

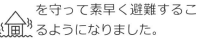

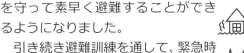

○月○日（　）は避難訓練を行います。1学期の避難訓練ではそわそわして心配そうにする子もいましたが、2学期に入ってから訓練にも慣れ、約束を守って素早く避難することができるようになりました。

引き続き避難訓練を通して、緊急時に適切な行動がとれるように備えたいと思います。

P103_01

防災の日

9月1日は防災の日、そして8月30日から9月5日までは防災週間です。

9月1日は、関東大震災が発生した日です。また、台風のシーズンでもあるため、地震や風水害などの自然災害に対する心構え等を育成するため、創設されました。災害時の非常食や水などの備えは大丈夫ですか？　これを機会に用意しておきましょう。

P103_04

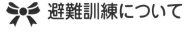

避難訓練について

P103_02

○月○日（　）は避難訓練を行います。1学期の訓練よりも、先生のお話をよく聞いて素早く避難できるようになりました。今後も、緊急時に慌てずに適切な行動が取れるようにしていきたいと思います。

P103_03

○月○日（　）は地震を想定した避難訓練を行いました。はじめは、おしゃべりする声も聞こえましたが、机の下に入ったあとは真剣な表情でした。机の脚もダンゴ虫になって、しっかりおさえることができました。今後も緊急時に慌てずに行動がとれるように訓練を続けたいと思います。

防災の日

P103_05

9月1日は防災の日。関東大震災が発生した日です。地震だけでなく、台風や大雨などの自然災害も増えています。いざというときに慌てないように、備えておくことが大切です。お住まいの自治体が防災マップを発行していると思います。一度目を通しておくといいですね。

P103_06

9月1日は防災の日です。近年、自然災害が増えています。ご家庭でも、災害時に備えて、家具の転倒防止、非常用持ち出しバッグの用意、家族の安否の確認方法など、防災の日を機に見直してみましょう。

P103_07

P103_08

P103_09

P103_10

P103_11

P103_12

P103_13

P103_14

敬老の日イベントのお知らせ

〇月〇日（　）に敬老の日の集いを行います。

おじいちゃんおばあちゃんへ感謝の気持ちを込めたプレゼントも制作しました。今から渡すことを楽しみにしていますので、ぜひお集まりください。

P104_01

敬老の日イベントのお知らせ

P104_02

〇月〇日（　）に敬老の日の集いを行います。子どもたちが、大好きなおじいちゃんおばあちゃんへプレゼントを制作しました。また、歌のプレゼントも用意しています。ぜひご参加ください。

P104_03

〇月〇日（　）に敬老の日の集いを行います。子どもたちが、大好きなおじいちゃんおばあちゃんへ感謝の気持ちを込めて、似顔絵を描いたメッセージカードを作りました。お時間に都合がつけば、ぜひご参加ください。

敬老の日

9月の第3月曜日は敬老の日です。連休になるので、おじいちゃんおばあちゃんと食事をしてはいかがでしょう。会えないなら、電話で話してはいかがですか？　きっとお話したいと思っています。

おじいちゃんやおばあちゃんだけでなく、年配の方には誰にでも敬意を持って接することを教えてあげてください。

P104_04

敬老の日

P104_05

敬老の日について知り、おじいちゃん、おばあちゃんのために心を込めたプレゼントを作りました。日頃の感謝を表現し、伝える喜びを知ることができたと思います。

P104_06

9月の第3月曜日は敬老の日。おじいちゃん・おばあちゃんと一緒に遊んだり、ご飯を食べたりしてはいかがですか？　笑顔を見せてあげるのが一番のプレゼントです。楽しい時間を過ごしてください。

P104_07

P104_08

P104_09

P104_10

P104_11

P104_12

P104_13

P104_14

9月 秋分の日、十五夜

秋分の日

9月23日前後は、昼と夜の長さが等しくなる「秋分の日」です。趣旨は「祖先をうやまい、なくなった人々をしのぶ。」です。

秋分の日を中心とした一週間は秋の彼岸で、お墓参りに出かける方も多いと思います。「暑さ寒さも彼岸まで」と言うように、彼岸を過ぎると徐々に秋めいてきます。季節の変わり目ですから、体調の変化に気をつけてお過ごしください。

P105_01

✿ 秋分の日

P105_02

秋分の日は「祖先をうやまい、なくなった人々をしのぶ」とする祝日です。昼と夜の長さが等しくなる9月23日前後になります。この日から昼の時間が短くなっていき、過ごしやすくなります。季節の変わり目でもあるので、体調をくずさないように過ごしてください。

P105_03

9月○日は秋分の日。「祖先をうやまい、なくなった人々をしのぶ」日で、秋のお彼岸でお墓参りに行かれるご家庭も多いようです。この日を境に昼が短くなり、だんだんと寒くなっていきます。風邪をひかないようにお過ごしください。

✿ 十五夜

P105_04

十五夜は満月の夜のこと。この季節は月がハッキリ見えることから、中秋の名月とも呼ばれます。多くは9月ですが、年によっては10月の頭になることもあります。

P105_05

十五夜というと、すすきと月見団子をお供えするのが一般的。この月見団子、意外に簡単に作れます。丸くする作業はお子さんもできますから、一緒に作ってみてはいかがですか?

P105_06　P105_07　P105_08　P105_09

P105_10　P105_11　P105_12

P105_15

P105_13　P105_14　P105_16

サンプル❶

令和〇年〇月〇日
〇〇〇〇〇園

朝夕はだいぶ過ごしやすくなり。夜の虫の鳴き声がより賑やかになってきました。秋の深まりを感じます。急に寒くなることもあるので、体調にお気をつけください。

〇日 〇〇〇〇〇〇〇〇〇〇〇
〇日 〇〇〇〇〇〇〇〇〇〇〇
〇日 〇〇〇〇〇〇〇〇〇〇〇
〇日 〇〇〇〇〇〇〇〇〇〇〇

衣替え

〇月〇日（ ）から冬服に衣替えとなります。
　気温の変化も激しい時期ですので、寒いときはカーディガンやタイツを着用ください。

10月生まれのおともだち

えんどう　たいち　くん
おの　まいか　ちゃん
かざま　しょうご　くん

おたんじょうび
おめでとう

ポイント❶

秋は行事が多いので、名前を再確認するように伝えましょう。

名前の再確認

　今年度も半年経ちました。身の回りの持ち物の名前が薄くなって読みにくくなっているかもしれません。
　持ち物の名前を確認し、薄くなっている場合は、名前を書き直してください。

運動会のお知らせ

〇月〇日（ ）は運動会を予定しています。
　詳細は追って連絡します。

P106_01

ポイント❷

10月のおたよりで気をつけること

・秋ならではの運動会などの行事をイラストと一緒に伝えていきましょう。
・だんだん寒くなってくるので、衣服の着脱や健康管理についても記載しましょう。

行事の予定は間違いないように伝えましょう。また、運動会などの大きなイベントでは、別途案内状を用意するといいでしょう。

10月のおたより用テンプレート ❷

サンプル❷

ポイント1

身近な食べ物の記念日があることを知ると、
その食べ物が食べたくなりますね。

令和〇年〇月〇日
〇〇〇〇〇園
担任：〇〇〇〇〇

10月の クラス だより

秋らしい気候になりました。公園でのお散歩では、大きな落ち葉やどんぐりを見つけて目を輝かせ、秋を感じています。過ごしやすい気候になってきましたので、お散歩に行ったら、秋ならではの発見をたくさん見つけたいと思います。

10月生まれのおともだち

えんどう　たいち　くん
おの　まいか　ちゃん
かざま　しょうご　くん

 おたんじょうび
おめでとう

⭐ 10月の目標 ⭐

体調に気をつける

 サツマイモの日

10月13日はサツマイモの日。サツマイモの名産地である埼玉県川越市の「川越いも友の会」が制定しました。サツマイモは十三里と呼ばれます。「栗（九里）より（四里）うまい十三里」ということです。川越が、江戸から十三里離れていることもあるそうです（一里は約4kmです）。

ハロウィンについて

10月31日はハロウィン。元は古代ケルト人の収穫を祝うお祭だそうです。この日は、先祖の霊と一緒に悪霊も帰ってくると信じられており、悪霊を追い払うために、仮装したり、魔除けとしてカボチャをくりぬいたジャックオーランタンに明かりをともしたそうです。今では宗教色もうすれて、仮装してお菓子をもらうお祭りとして定着したようですね。親子で楽しい仮装をしてみましょう。

読書の秋

読書の秋です。子どもたちにはお気に入りの絵本があり、何度も一緒に読んでいます。ご家庭でも、読み聞かせをしてあげてください。絵本がお子さんに全部見えるようにして、ゆっくりと淡々と読んでください。お子さんが「何を想像しているかな」と見ながら読むといいと思います。

⊕ スポーツの日 ⚽

10月の第2月曜日はスポーツの日です。元は体育の日で、1964年の東京オリンピックの開会式が行われた10月10日が祝日となったものです。10月は晴天も多くスポーツには最適な季節ですね。ちょっとした散歩でもいいので、からだを動かしてみましょう。

P107_01

ポイント2

仮装が注目されるハロウィンですが、保護者も由来を知っていれば、子どもたちに「ハロウィンって何の日」と聞かれたときに答えられますね。

こちらも参照ください

運動会関連は、P.170の「運動会のお知らせテンプレート」や、P.171の「運動会のイラスト」を参照ください。
また「お知らせ」パート（P.160～P.185）には、行事の案内テンプレートやイラストが収録されています。「カット集」パート（P.186～P.201）には汎用的なカットが収録されています。ご利用ください。

P108_01　P108_01A　P108_01B

P108_02　P108_02A　P108_02B

P108_03　P108_03A　P108_03B

P108_04　P108_04A　P108_04B

P108_05　P108_05A　P108_05B

P108_06　P108_06A　P108_06B

P108_07　P108_07A　P108_07B

P108_08　P108_08A　P108_08B

🎀 10月のあいさつ文

P108_09

秋らしい気候になりました。公園でのお散歩では、大きな落ち葉やどんぐりを見つけて目を輝かせ、秋を感じています。秋ならではの発見をたくさん見つけたいと思います。

P108_10

10月に入り、朝夕はだいぶ過ごしやすくなりました。夜の虫の鳴き声がより賑やかになり、秋の訪れを感じます。体調をくずしやすい季節なので、ご注意ください。

P108_11

もうすぐ運動会。運動会が終わるまで毎日体操着で登園してください。年長さんにとって最後の運動会ですね。頑張ってほしいと思います。

P108_12

朝夕はだいぶ過ごしやすくなり。夜の虫の鳴き声がより賑やかになってきました。秋の深まりを感じます。急に寒くなることもあるので、体調にお気をつけください。

P108_13

青空の広がる気持ちいい季節です。子どもたちは運動会の練習や外遊びで、元気いっぱいに過ごしています。

P108_14

園庭のキンモクセイの花がきれいなオレンジ色で咲いています。甘い香りに誘われて、子どもたちもキンモクセイに集まっています。これから寒くなると、また違う発見があります。季節ならではの自然にたくさん触れてほしいと思います。

10月

10月の行事、10月のこんだて、その他のイラスト

10月の行事
P109_01　P109_01A　P109_01B

10月のこんだて
P109_02　P109_02A　P109_02B

10月の行事
P109_03　P109_03A　P109_03B

10月のこんだて
P109_04　P109_04A　P109_04B

10月の行事
P109_05　P109_05A　P109_05B

10月のこんだて
P109_06　P109_06A　P109_06B

10月のうた
P109_07　P109_07A　P109_07B

10月の予定
P109_08　P109_08A　P109_08B

お知らせ
P109_09　P109_09A　P109_09B

10月の目標
P109_10　P109_10A　P109_10B

お願い
P109_11　P109_11A　P109_11B

持ち物
P109_12　P109_12A　P109_12B

P109_13　P109_14　P109_15

P109_16

P109_17

P109_18

10月生まれのおともだち

えんどう　たいち　くん

おの　まいか　ちゃん

かざま　しょうご　くん

おたんじょうび
おめでとう

P110_01

10月生まれのおともだち

えんどう　たいち　くん

おの　まいか　ちゃん

かざま　しょうご　くん

おたんじょうび
おめでとう

P110_02

子どもたちの姿

P110_04

運動会へ向け、一人ひとりが一生懸命練習に取り組んでいます。子どもたちと本番を楽しみに過ごしたいと思います。

P110_05

子どもたちは、興味のある絵本をもってきて、何度も先生と一緒に読んでいます。一番人気の絵本は「○○○○」です。繰り返しが続く絵本や、子どもたちの身近なものが登場する絵本が人気です。

P110_06

初めて絵の具を使い、フィンガーペインティングをしました。ぬるぬるする感触が面白かったのか、大胆に腕を動かしてみたり、手形をあちこちにつけて楽しんでいました。完成した作品を展示しますので、ぜひご覧ください。

P110_07

初めての運動会、子どもたちは園庭でお兄さん、お姉さんがかけっこする姿を見て「よーい、どん！」と運動会ごっこを始めました。園庭を何周も走って汗だくです。

P110_08

運動会のリレーの練習をしていた年長組さんのバトンが羨ましくなって、広告をぐるぐる巻いてバトンを作りました。お手製バトンの完成です。おともだちにバトンパスしながら、園庭を何周も走っています。練習しているおともだちの応援も楽しいようです。10月はもう少し運動会ごっこを楽しみたいと思います。

子どもたちの姿

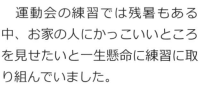

運動会の練習では残暑もある中、お家の人にかっこいいところを見せたいと一生懸命に練習に取り組んでいました。

たくさん練習を重ねた分本番では心身ともに逞しく大きく成長した姿を見せてくれることと思います。どうぞ、お楽しみに。

P110_03

P110_09

サツマイモの様子を見に行きました。畑に到着すると、つるが長く伸びていて、サツマイモがない！どこにあるのかな。つるをかき分けて一生懸命探すと、「あった！」。サツマイモの先を発見し、一安心の子どもたちでした。その後はつるをみんなで引っ張って綱引きごっこが始まりました。

P110_10

サツマイモ掘りでは、どんなお芋が出てくるか、楽しみに掘っているようでした。今年は豊作で、たくさんのお芋があちこちに。「あった！」「こっちにも！」と見つけては真剣な表情で黙々と土を掘っていました。子どもたちが一生懸命に掘ったお芋、ぜひお家で食べてみてください。

衣替え

 ○月○日（ ）から冬服に衣替えとなります。
　気温の変化も激しい時期ですので、寒いときはカーディガンやタイツを着用ください。

P111_01

衣替え

P111_02

○月○日（ ）から夏服から冬服への衣替えとなります。寒い日は、カーディガンやタイツを着用して調整してください。

P111_03

10月になりました。○月○日（ ）から、当園も夏服から冬服への衣替えとなります。長そで、冬帽子を着用ください。

P111_04

衣替え

P111_05

P111_06

P111_07

P111_08

P111_09

P111_10

P111_11

P111_12

P111_13

名前の再確認

　今年度も半年経ちました。身の回りの持ち物の名前が薄くなって読みにくくなっているかもしれません。
　持ち物の名前を確認し、薄くなっている場合は、名前を書き直してください。

P111_14

名前の再確認

P111_15

入園から半年、いろいろな持ち物の名前が薄くなってくる時期です。名前を確認し、名前を書き直してください。また、衣替えで衣服が冬服になるので、そちらの名前の確認もお願いします。

P111_16

今年度も半分経過しました。持ち物や衣服などの名前が薄くなっていませんか。また、新しくした持ち物などに名前が書かれていますか？　名前が薄くなっていたり、書いてなかったりした場合は、わかりやすく書き直してください。

サツマイモ掘り

○月○日（　）は、サツマイモ掘りを予定しています。持ち物は大きめの袋と軍手、体操着に長靴を履いて登園してください。

子どもたちは大好きな「やきいもグーチーパー」を歌い、サツマイモ掘りを楽しみにしています。

P112_01

🎀 サツマイモ掘り

P112_02

お芋掘りでは、つるを見つけると一生懸命に引っ張っていました。「先生こんなに大きいお芋が掘れたよ！」「虫がいる！」と畑は大賑わい。泥だらけになりながら大きなお芋を掘り起こす姿がみられました。

P112_03

畑にシャベルを持っていき、サツマイモ掘りをしました。「サツマイモ、どこにあるかな〜」大きなサツマイモが顔を出しているのを見つけると、お芋を傷つけないようにそっと周りから掘り進めていました。

P112_04

P112_05

P112_06

P112_07

サツマイモの日

10月13日はサツマイモの日。サツマイモの名産地である埼玉県川越市の「川越いも友の会」が制定しました。サツマイモは十三里と呼ばれます。「栗（九里）より（四里）うまい十三里」ということです。川越が、江戸から十三里離れていることもあるそうです（一里は約4kmです）。

P112_08

🎀 サツマイモの日

P112_09

10月13日は埼玉県川越市の「川越いも友の会」が制定したサツマイモの日。13日は江戸から川越までの距離が約13里であることと、サツマイモが「栗（九里）より（四里）うまい十三里」と言われていたことが由来です。

P112_10

10月13日はサツマイモの日。サツマイモといれば焼き芋。ホクホクでとろりと甘くて、おやつには最高です。天ぷら、煮物でも美味しいです。ほかにもサツマイモを使ったスイーツもたくさんありますね。

P112_11

P112_12

P112_13

P112_14

P112_15

ハロウィンについて

10月31日はハロウィン。元は古代ケルト人の収穫を祝うお祭だそうです。この日は、先祖の霊と一緒に悪霊も帰ってくると信じられており、悪霊を追い払うために、仮装したり、魔除けとしてカボチャをくりぬいたジャックオーランタンに明かりをともしたそうです。今では宗教色もうすれて、仮装してお菓子をもらうお祭りとして定着したようですね。親子で楽しい仮装をしてみましょう。

P113_01

🎀 ハロウィン

P113_02

ハロウィンの絵本を興味深く見ていた子どもたち。「先生、新聞紙でエプロン作る！」とハロウィンごっこが始まりました。その後は「トリック・オア・トリート！」と元気に声を出し園内を歩き回っていました。仮装するのが楽しかったようです。

P113_03

ハロウィンの手作りマントと帽子を制作しました。個性あふれるマントを着けて園内を回る子どもたちはかわいらしかったです。

P113_04

P113_05

P113_06

P113_07

P113_08

P113_09

P113_10

P113_11

トリックォァトリート

P113_12

P113_13

P113_14

P113_15

P113_16

読書の秋

読書の秋です。子どもたちにはお気に入りの絵本があり、何度も一緒に読んでいます。ご家庭でも、読み聞かせをしてあげてください。絵本がお子さんに全部見えるようにして、ゆっくりと淡々と読んでください。お子さんが「何を想像しているかな」と見ながら読むといいと思います。

P114_01

🎀 読書の秋

P114_02

10月27日から11月9日は読書週間です。子どもたちは、○○園で絵本を読んでもらうのが大好きです。読み聞かせは、子どもの想像力や言語能力を高め、幸福感ももたらします。ご家庭でも読み聞かせをしてあげてください。

P114_03

10月27日から11月9日は読書週間です。子どもたちは絵本を読んでもらうのが大好きです。読み聞かせは、脳の発達にもいいとされています。ご家庭でも、読み聞かせの時間を設けて、お子さんに絵本を読んであげてください。

P114_04

P114_05

P114_06

P114_07

芸術の秋です。暑くもなく寒くもないこの時期が、芸術を楽しむのに適していることから言われているそうです。二科展、日展などの代表的な展覧会も秋に開催されます。

紅葉も色づきはじめます。自然まで芸術的ですね。

P114_08

🎀 芸術の秋

P114_09

芸術の秋です。秋は気候も穏やかで過ごしやすいことから、スポーツの秋や読書の秋とも言われます。芸術には、音楽、絵画などさまざま。どんな芸術がお好みですか？　お子さんと一緒に音楽を聴いたり、絵本を見たりして過ごす秋もいいですね。

P114_10

芸術の秋です。過ごしやすい秋は芸術を楽しむのにいい季節です。美術館や博物館などで、本物の作品に小さなうちから出会う体験はとても大切です。ぜひお出かけしてみてください。

P114_11

P114_12

P114_13

P114_14

○月○日（　）は運動会を
予定しています。
　詳細は追って連絡します。

P115_01

運動会のお知らせ

P115_02

○月○日に運動会を予定しています。
　場所：当園園庭
　開始：○時〜
詳細は追って連絡します。

P115_03

○月○日に、当園園庭にて運動会を行います。ご家族の方も参加できるプログラムもあります。動きやすい服装でお越しください。詳細は追ってご連絡します。

スポーツの日

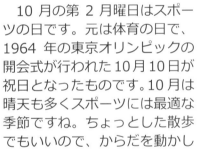

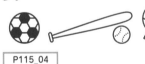

10月の第2月曜日はスポーツの日です。元は体育の日で、1964年の東京オリンピックの開会式が行われた10月10日が祝日となったものです。10月は晴天も多くスポーツには最適な季節ですね。ちょっとした散歩でもいいので、からだを動かしてみましょう。

P115_04

スポーツの日

P115_05

10月の第2月曜日はスポーツの日。1964年の東京オリンピック開会式が行われた10月10日が祝日として体育の日からの流れです。この季節は天候もいいのでスポーツをするのに最適です。お子さんと一緒に何か始めてはいかがですか？

P115_06

10月の第2月曜日はスポーツの日です。からだを動かすにはいい季節なので、青空のもとで親子で一緒にからだを動かしてみてください。散歩でも、近くの公園で遊ぶでもかまいません。一緒に汗をかくと気持ちもリフレッシュ。お子さんも喜ぶと思います。

P115_07

P115_08

P115_09

P115_10

こちらも参照ください
P.170：「運動会のお知らせテンプレート」
P.171：「運動会のイラスト」

サンプル❶

11月の園だより

令和〇年〇月〇日
〇〇〇〇〇園

紅葉の美しい11月になりました。当園では園外保育を予定しています。園庭とは違った環境でたくさんの自然に触れ、木の実や葉っぱで遊び、秋を満喫してきたいと思います。

お願い

バスの乗降時刻はお守りください。これから寒くなってきますが、予定時刻の5分前にはバス停で待っていてください。

勤労感謝の日

11月23日は勤労感謝の日。新嘗祭（にいなめさい）という五穀豊穣（穀物が豊かに実ること）を感謝するお祝いが由来です。戦前は「新嘗祭」も祭日として休日でした。今でも、多くの神社で新嘗祭が執り行われています。現在は「勤労を尊び、生産を祝い、国民がたがいに感謝しあう日」とされ、農作物だけでなく、働くこと全般を感謝する日となっています。

作品展に向けて

作品展に向けて、子どもたちは楽しそうに制作活動をしています。

絵の具などを使用するので、スモックが汚れることもありますが、ご了承ください。

文化の日

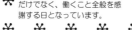

11月3日の文化の日は、1946年（昭和21年）に現在の「戦争放棄」を宣言した日本国憲法が公布されたことを記念した祝日です（施行は半年後の5月3日で憲法記念日）。その前は、明治天皇の誕生日で「明治節」という祝日だったそうです。そのため、新しい憲法を明治節に合わせて公布したという説もあります。

11月生まれのおともだち

あいかわ　たくと　くん
いまなか　ゆうか　ちゃん
えんどう　たいち　くん
おの　まいか　ちゃん

おたんじょうび
おめでとう

P116_01

ポイント**1**

毎日の登園バスの利用方法などは、定期的に呼びかけるといいでしょう。

11月のおたよりで気をつけること

・風邪の流行ってくる時期です。感染症予防や風邪の対策について記載しましょう。
・秋らしいイラストを使って、季節の雰囲気も伝えていきましょう。

サンプル❷

ポイント1

風邪が流行る季節なので、注意を
促しましょう。

11月のクラスだより

令和〇年〇月〇日
〇〇〇〇〇園
担任：〇〇〇〇〇

子どもたちは、お散歩の時間が大好きです。お散歩へ行く声をかけると、喜ん
で帽子をかぶります。公園ではまつぼっくりやどんぐり、葉っぱを見つけ触って
感触を楽しんでいます。一緒に美しい秋をたくさん発見していきたいです。

冬の健康対策

寒さに負けず、元気に外遊びを行い、
丈夫なからだを作りましょう。
　外から家に入るときは、手洗い・うが
いを忘れずに行って、風邪やインフルエ
ンザにかからないようにしましょう。

11月の予定

〇日　〇〇〇〇〇〇〇
〇日　〇〇〇〇〇〇〇
〇日　〇〇〇〇〇〇〇
〇日　〇〇〇〇〇〇〇
〇日　〇〇〇〇〇〇

お店屋さんごっこについて

　〇月〇日（　）は当園でお店屋さんご
っこを行います。
　当園では、お店に興味を持てるように、
お店が出てくる絵本や紙芝居を読んでい
ます。ご家庭でもお子さんと一緒にお買
い物に行くなどして、実際に買い物を体
験できる機会を作ってみて
ください。

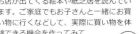

子どもたちの姿

　外遊びでは園庭の草花を見て
「葉っぱの色が黄色だね！」と、
季節の変化に気づいたり、葉っぱ
の形から動物をイメージしたり、
秋の自然に親しんでいる様子が
見られます。また、園庭で拾った
落ち葉で作品展の作品も制作し
ましたので、お楽しみに。

11月生まれのおともだち

えんどう　たいち　くん
おの　まいか　ちゃん
かざま　しょうご　くん

おたんじょうび
おめでとう

P117_01

ポイント2

子どもたちが、園生活でどんなものに興味を持っ
ているのか、様子を伝えましょう。

こちらも参照ください

「お知らせ」パート（P.160 〜 P.185）には、行事の案
内テンプレートやイラストが収録されています。「カッ
ト集」パート（P.186 〜 P.201）には汎用的なカット
が収録されています。ご利用ください。

P118_01　P118_01A　P118_01B

P118_02　P118_02A　P118_02B

P118_03　P118_03A　P118_03B

P118_04　P118_04A　P118_04B

P118_05　P118_05A　P118_05B

P118_06　P118_06A　P118_06B

P118_07　P118_07A　P118_07B

P118_08　P118_08A　P118_08B

🎀 11月のあいさつ文

P118_09
紅葉の美しい11月になりました。当園では園外保育を予定しています。園庭とは違った環境でたくさんの自然に触れ、木の実や葉っぱで遊び、秋を満喫してきたいと思います。

P118_10
子どもたちは、お散歩の時間が大好きです。お散歩へ行く声をかけると、喜んで帽子をかぶります。公園ではまつぼっくりやどんぐり、葉っぱを見つけ触って感触を楽しんでいます。一緒に美しい秋をたくさん発見していきたいです。

P118_11
運動会では、みんなで力を合わせ、練習の成果を発揮することができました。子どもたち一人ひとりが達成感を覚え、自信にもつながったようです。

P118_12
運動会はみんな頑張りました。クラスの絆も深めることができました。おうちの方の応援がうれしかったようです。ありがとうございました。

P118_13
お店屋さんごっこではクラスで担当するお店の品物を丁寧に制作することができました。当日は「いらっしゃいませ〜」の元気な声がクラスに響き渡り、小さなクラスの子を優しく案内してくれました。

P118_14
11月になり樹木の紅葉も華やかです。寒くなるとともに風邪やインフルエンザも流行り始めます。手洗い、うがいを忘れずに、元気な園生活を送りましょう。

11月の行事
P119_01　P119_01A　P119_01B

11月のこんだて
P119_02　P119_02A　P119_02B

11月の行事
P119_03　P119_03A　P119_03B

11月のこんだて
P119_04　P119_04A　P119_04B

11月の行事
P119_05　P119_05A　P119_05B

11月のこんだて
P119_06　P119_06A　P119_06B

11月のうた
P119_07　P119_07A　P119_07B

11月の予定
P119_08　P119_08A　P119_08B

お知らせ
P119_09　P119_09A　P119_09B

11月の目標
P119_10　P119_10A　P119_10B

お願い
P119_11　P119_11A　P119_11B

持ち物
P119_12　P119_12A　P119_12B

P119_13　P119_14　P119_15

P119_16

P119_17

P119_18

11月生まれのおともだち

えんどう　たいち　くん
おの　まいか　ちゃん
かざま　しょうご　くん

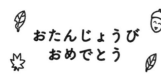

おたんじょうび
おめでとう

P120_01

11月生まれのおともだち

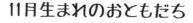

えんどう　たいち　くん
おの　まいか　ちゃん
かざま　しょうご　くん

おたんじょうび
おめでとう

P120_02

🎀 子どもたちの姿

P120_04

お散歩の途中、たくさんの落ち葉を見てかけよっていき、「ゴロゴロ」と転がって遊びました。どんぐりやまつぼっくりも見つけ、袋いっぱいに集めて遊びました。秋の自然をからだで感じ、季節の変化を感じることができました。

P120_05

公園へのお散歩では、「帽子のついているどんぐりを見つけた！」「穴が開いている！」「大きいどんぐり見つけた！」と、どんぐり拾いに夢中になる姿が見られました。

P120_06

お散歩ではどんぐりや松ぼっくり、紅葉したきれいな葉っぱを袋いっぱい拾うのが好きな子どもたち。お散歩で見つけた秋の発見をきっかけに、保育室にもどんぐりの木を作ることにしました。

P120_07

保育室にどんぐりの木を作りました。折り紙を使ってどんぐりを折り、子どもたちが自由に貼ります。「まだ緑のどんぐり！」「あかちゃんどんぐりも作りたい！」と張り切って作りました。保育室に飾ってありますので、ぜひご覧ください。

P120_08

ハサミを使って自由に形を切る制作活動を行いました。子どもたちは集中してハサミを扱い、1回切れるごとに「先生！切れたよ！見て！」と報告してくれました。まだハサミを持っている反対の手が危ないときがあります。注意して見ていき、子どもたちがハサミを正しく持ち、扱えるように促していきたいと思います。

子どもたちの姿

　外遊びでは園庭の草花を見て「葉っぱの色が黄色だね！」と、季節の変化に気づいたり、葉っぱの形から動物をイメージしたり、秋の自然に親しんでいる様子が見られます。また、園庭で拾った落ち葉で作品展の作品も制作しましたので、お楽しみに。

P120_03

P120_09

お店屋さんごっこが大好きな子どもたち。粘土を計量スプーンに入れて、アイスクリームをたくさん作りました。大小さまざまです。絵の具を混ぜてみると、「イチゴ味になった！」「チョコミントも作りたい！」と、いろいろな味のアイス作りに夢中でした。粘土が乾いたら、アイスクリーム屋さんをする予定です。

P120_10

園外保育へ行く準備をしています。「きっとどんぐりが落ちているからバケツと袋を持っていこう！」「そりを持っていってお山の上から滑ってもいい？」と公園に行ってどんな遊びをしようか考え、持ち物準備に励んでいます。

11月 七五三、作品展に向けて

七五三について

七五三は、お子さんの成長をお祝いする行事で、11月15日に神社にお参りするのが一般的です。由来は、古くからの風習である3歳の「髪置き」（紙を伸ばし始める）、5歳「袴着（はかまぎ）」（初めて袴を着る）、7歳「帯解（おびとき）」（帯を使い始める）だそうです。男の子は5歳（地域によっては3歳も）、女の子は3歳と7歳にお祝いするそうです。

P121_01

七五三

P121_02

七五三は子どもの成長と健康を祝い、3歳・5歳・7歳に神社にお参りする行事です。七五三といえば千歳飴。飴は長く伸びることから、長寿を連想させる縁起物です。「千歳」という言葉のとおり、お子さんが元気で健やかに成長して、長生きするようにとの意味があるのですね。

P121_03

子どもの成長を祝う七五三。男の子は5歳、女の子は3歳と7歳で祝います。古くは数え年でしたが、今は実際の年齢の学年に行うことが多いようです。お参りも正式には11月15日ですが、10月〜12月の吉日にする家庭も増えているようです。

P121_04

P121_05

P121_06

P121_07

P121_08

P121_09

P121_10

作品展に向けて

作品展に向けて、子どもたちは楽しそうに制作活動をしています。

絵の具などを使用するので、スモックが汚れることもありますが、ご了承ください。

P121_11

作品展に向けて

P121_12

作品展へ向け、一人ひとりが作品制作に丁寧に取り組んでいます。共同制作では、クラスみんなで一つのものを協力して作り上げ、達成感を味わってほしいと思います。

P121_13

作品展へ向けて、材料となる不要なもの（ペットボトルや牛乳パックなど）を集めたいと思います。ご家庭にありましたら、お子さんに持たせてください。

P121_14

P121_15

こちらも参照ください

P.176：「作品展のお知らせテンプレート」
P.177：「作品展のおたより文例・イラスト」

お店屋さんごっこについて

　○月○日（　）は当園でお店屋さんごっこを行います。

　当園では、お店に興味を持てるように、お店が出てくる絵本や紙芝居を読んでいます。ご家庭でもお子さんと一緒にお買い物に行くなどして、実際に買い物を体験できる機会を作ってみてください。

P122_01

♪ お店屋さんごっこ

　お店屋さんごっこに向け、子どもたちはさまざまな職業に興味を示しています。

　お店屋さんごっこの本番を楽しみに、子どもたちと楽しく制作を進めていきたいと思います。

P122_05

🎀 お店屋さんごっこ

P122_02

　○月○日にお店屋さんごっこを行います。子どもたちは、どんなお店があるかを絵本や紙芝居を通して学んでいます。ご家庭でも、買い物や散歩の際に、どんなお店があるかを見つけてみてください。

P122_03

P122_04

P122_06

P122_07

お店屋さんごっこ

P122_08

お店屋さんごっこ

P122_09

P122_10

P122_11

P122_12

P122_13

11月

文化の日、勤労感謝の日、立冬

11月3日の文化の日は、1946年（昭和21年）に現在の「戦争放棄」を宣言した日本国憲法が公布されたことを記念した祝日です（施行は半年後の5月3日で憲法記念日）。その前は、明治天皇の誕生日で「明治節」という祝日だったそうです。そのため、新しい憲法を明治節に合わせて公布したという説もあります。

P123_01

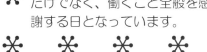

11月23日は勤労感謝の日。新嘗祭（にいなめさい）という五穀豊穣（穀物が豊かに実ること）を感謝するお祝いが由来です。戦前は「新嘗祭」も祭日として休日でした。今でも、多くの神社で新嘗祭が執り行われています。現在は「勤労を尊び、生産を祝い、国民がたがいに感謝しあう日」とされ、農作物だけでなく、働くこと全般を感謝する日となっています。

P123_04

文化の日

P123_02

11月3日の文化の日。「自由と平和を愛し、文化をすすめる日」とされています。そのため、美術館や博物館などで、入場無料になる施設がたくさんあります。天候的にも、晴れることの多い日です。お子さんの興味のある施設を調べて、お出かけしてみてはいかがですか。

P123_03

11月3日の文化の日。日本国憲法が公布されたことを記念した祝日です。「自由と平和を愛し、文化をすすめる日」とされており、全国各地でイベントが開かれたり、入場料が無料となる美術館や博物館もあります。近くのイベントに出かけてみてはいかがですか？

勤労感謝の日

P123_05

11月23日は勤労感謝の日。「勤労をたつとび、生産を祝い、国民たがいに感謝しあう日」として制定された祝日です。元は新嘗祭という農作物の実りを祝いの儀式が由来です。食べ物を作ってくれる人に感謝し、働いているお父さん・お母さんに感謝できるお子さんになってほしいですね。

P123_06

11月23日は勤労感謝の日。元は新嘗祭という農作物の実りを祝いの儀式が由来です。　お父さんやお母さんをはじめ、みんな働くことで楽しく安全に生活ができていることや、働くことの大切さをお子さんにお話ししてください。

P123_07　　P123_08　　P123_09　　P123_10

立冬

P123_11

立冬は、秋分の日（昼と夜の時間が同じ日）と冬至（昼の最も短い日）の中間の日で、毎年11月8日頃となります。暦の上では立冬から立春の前日までが冬になります。つめたい木枯らしが吹き始め、冬の気配が一気に強くなる時期です。体調をくずし、風邪をひきやすくなるので、暖かい服装や食事を心がけてください。

11月

冬の健康対策、バスの乗降について

冬の健康対策

寒さに負けず、元気に外遊びを行い、丈夫なからだを作りましょう。

外から家に入るときは、手洗い・うがいを忘れずに行って、風邪やインフルエンザにかからないようにしましょう。

P124_01

🎀 冬の健康対策

P124_02

風邪やインフルエンザが流行する時期になりました。毎日の外出や、食事、排泄後は手洗い、うがいをしっかり行いましょう。特に洗い残しが多くなる手指の間や、爪の間、手の甲、手首なども洗い残しがないよう、気をつけて洗いましょう。

P124_03

予防には手洗い。時間の目安は、「ハッピーバースデー」の歌を2回歌うぐらいの長さ（20秒以上）がいいとされています。熱いお湯を使うと皮膚の油分が奪われ、手荒れすることもありますので、ここちよい快適な温度で時間をかけ手洗いするよう心がけ、感染予防をしましょう。

P124_04

P124_05

P124_06

P124_07

P124_08

P124_09

P124_10

P124_11

P124_12

P124_13

🎀 バスの乗降について

P124_14

バスの乗降時刻はお守りください。これから寒くなってきますが、予定時刻の5分前にはバス停で待っていてください。

P124_15

寒くなりますが、バスの予定時刻の5分前にはバス停でお待ちください。スムーズなバス運営にご協力をお願いします。

11月 秋のお散歩、秋のイメージイラスト

秋のお散歩

秋のお散歩で公園に行くと、どんぐり拾いに夢中になる子どもたち。帽子のついているもの、穴のあいているもの、いろいろなどんぐりを見つけては、「先生これ見て」と持ってきてくれました。身近な場所で秋を楽しんでいるようです。

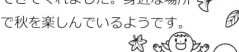

P125_01

秋のお散歩

P125_02

お散歩の途中で、木や草花を見て「葉っぱの色が黄色だね！」と、秋の変化に気づいたり、葉っぱの形から動物を連想したり、秋の自然に親しんでいる様子が見られます。園庭で拾った落ち葉で作品展の作品も制作しました。

P125_03

秋のお散歩は、子どもたちの興味を引くものでいっぱい。公園ではどんぐりや松ぼっくりを見つけて楽しんでいます。葉っぱの色が緑から黄色や赤に変わったことに、何でだろうと不思議そうな顔をするお子さんも。子どもたちの成長が楽しみです。

P125_04

P125_05

P125_06

P125_07

P125_08

P125_09

P125_10

P125_11

P125_12

P125_13

P125_14

P125_15

P125_16

P125_17

P125_18

P125_19

P125_20

12月

12月のおたより用テンプレート ❶

サンプル❶

令和〇年〇月〇日
〇〇〇〇〇園

　先月の作品展へのご協力ありがとうございました。当日は、子どもたちから進んで、おうちのみなさんをうれしそうにご案内していましたね。作品展は、子どもたちが日々の保育の中で感じたこと、考えたことを作品として表現することのできるいい機会となりました。お子さんの表現力、想像力の豊かさとともに成長を感じることができたのではないでしょうか。これからも、保育の中で、イメージを豊かにし、さまざまな表現を楽しんでほしいと思います。

12月生まれのおともだち

えんどう　たいち　くん
おの　まいか　ちゃん
かざま　しょうご　くん

おたんじょうび
おめでとう

2学期の振り返り

　あっという間に2学期終了です。1年を振り返ると日々の保育や行事ごとに子どもたちの成長を感じることができました。クラスという集団生活を通して、おともだちや先生と関わる中で心を通わせ、思いやりの気持ちや、信頼関係を築いてきました。
　3学期も子どもたちとの関わりを深め、たくさんの思い出を作っていきたいと思います。

○ ○師走（しわす）○ ○

　師走は旧暦の12月の名称です。由来は、師匠である僧侶が、お経をあげるために東西を馳せる「師馳す」という説が有力のようです。12月以外もあげております。1月：睦月（むつき）、2月：如月（きさらぎ）、3月：弥生（やよい）、4月：卯月（うづき）、5月：皐月（さつき）、6月：水無月（みなづき）、7月：文月（ふみづき）、8月：葉月（はづき）、9月：長月（ながつき）、10月：神無月（かんなづき）、11月：霜月（しもつき）です。

ポイント❶

1年を振り返り、子どもとの関わりがどんなものであったかを伝えるといいでしょう。

**12月の行事**

〇日　〇〇〇〇〇〇〇
〇日　〇〇〇〇〇〇
〇日　〇〇〇〇〇
〇日　〇〇〇〇〇〇〇
〇日　〇〇〇〇〇

P126_01

12月のおたよりで気をつけること

・12月は子どもたちの楽しみな行事がたくさん。行事の由来を伝えたり、冬らしい雰囲気が伝わるイラストを使用しましょう。
・12月におすすめの絵本を紹介したり、絵本を読んだときの子どもたちの姿を伝えましょう。
・冬休みの過ごし方や、成長した子どもたちの様子が伝わるエピソードを載せましょう。

サンプル❷

ポイント1

飾り罫を上手に組み合わせれば、独自のフレームも作れます。ワードの罫線機能も一緒に使えば、いろいろな囲みが作れます。

12月
クラスだより

令和〇年〇月〇日
〇〇〇〇〇園
担任：〇〇〇〇〇

いよいよ2学期もあとわずかになりました。子どもたちはもうすぐ迎えるクリスマスを楽しみにしています。サンタさんにどんなプレゼントをもらうか、おともだち同士で楽しそうにお話しています。

クリスマス会のお知らせ

〇月〇日（　）はクリスマス会を行います。
詳細は別途お知らせします。
子どもたちと楽しいクリスマスが送れますように。

12月のうた

♪ジングルベル

12月の予定

〇日　〇〇〇〇〇〇
〇日　〇〇〇〇〇〇
〇日　〇〇〇〇〇〇
〇日　〇〇〇〇〇〇

子どもたちの姿

子どもたちはクリスマスを心待ちにしています。
「サンタさんにお手紙を書きたいな！」「サンタさんに〇〇をお願いしたよ！」といった声が聞こえ、クリスマスが近づいていることを感じます。
当園でもクリスマスツリー飾り、子どもたちとリースを制作しました。ご家庭に持ち帰りますので、ぜひ飾ってください。

名前を書きましょう

持ち物に名前を書きましょう。
長い間使用している持ち物の名前は、時間が経って見えなくなっていることがあります。
見直して、薄くなっているならハッキリ見えるように書き直してください。

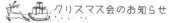

12月生まれのおともだち

えんどう　たいち　くん
おの　まいか　ちゃん
かざま　しょうご　くん

おたんじょうび
おめでとう

P127_01

ポイント2

クリスマスを待つ子どもたちの姿を伝えてあげましょう。園では家とは違った様子かもしれません。

こちらも参照ください

クリスマス関連は、P.182の「クリスマス会のお知らせテンプレート」やP.183の「クリスマス会のおたより文例・イラスト」も参照ください。
また「お知らせ」パート（P.160〜P.185）には、行事の案内テンプレートやイラストが収録されています。「カット集」パート（P.186〜P.201）には汎用的なカットが収録されています。ご利用ください。

P128_01　P128_01A　P128_01B

P128_02　P128_02A　P128_02B

P128_03　P128_03A　P128_03B

P128_04　P128_04A　P128_04B

P128_05　P128_05A　P128_05B

P128_06　P128_06A　P128_06B

P128_07　P128_07A　P128_07B

P128_08　P128_08A　P128_08B

🎀 12月のあいさつ文

P128_09
いよいよ2学期もあとわずかになりました。子どもたちは
もうすぐ迎えるクリスマスを楽しみにしています。サンタ
さんにどんなプレゼントをもらうか、おともだち同士で楽
しそうにお話しています。

P128_10
木々の葉も舞い、日暮れが一段と早くなり、寒さを感じる季
節になりました。冬ならではの行事をおともだちと一緒に楽
しみ、寒さに負けないよう過ごしていきたいと思います。

P128_11
冬休み、風邪などひかないよう健康管理に気をつけてお過
ごしください。新学期も元気に登園してきてくれるのを
待っています。

P128_12
ボールを追いかけて遊んだり、階段のぼりをして、からだ
を動かす遊びが好きです。安全面に十分配慮して、楽しく
遊びたいと思います。

P128_13
保護者の方にとっては暮れの準備にお忙しくなられる時期
と思いますが、日常の体験を通して年の終わりを知らせる
とともに、お子さんにできるお手伝いがありましたら、積
極的にさせてください。

P128_14
作品展を見にきてくださり、ありがとうございました。作
品展の制作でさまざまな素材や道具に触れたことで、遊び
のなかでも活用するようになりました。

12月

12月の行事、12月のこんだて、その他のイラスト

P129_01 　 P129_01A 　 P129_01B

P129_02 　 P129_02A 　 P129_02B

P129_03 　 P129_03A 　 P129_03B

P129_04 　 P129_04A 　 P129_04B

P129_05 　 P129_05A 　 P129_05B

P129_06 　 P129_06A 　 P129_06B

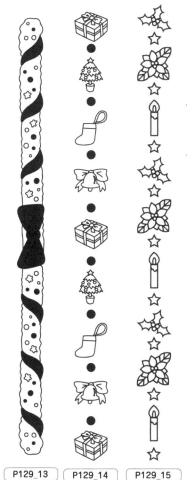

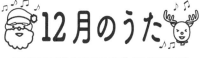

P129_07 　 P129_07A 　 P129_07B

P129_09 　 P129_09A 　 P129_09B

P129_11 　 P129_11A 　 P129_11B

P129_08 　 P129_08A 　 P129_08B

P129_10 　 P129_10A 　 P129_10B

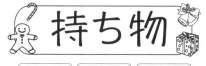

P129_12 　 P129_12A 　 P129_12B

P129_16

P129_17

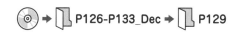

P129_13 　 P129_14 　 P129_15

P129_18

12月 12月生まれのおともだち、子どもたちの姿

12月生まれのおともだち

えんどう　たいち　くん
おの　まいか　ちゃん
かざま　しょうご　くん

おたんじょうび
おめでとう

P130_01

12月生まれのおともだち

えんどう　たいち　くん
おの　まいか　ちゃん
かざま　しょうご　くん

おたんじょうび
おめでとう

P130_02

🎀 子どもたちの姿

P130_04
先生と一緒に、おともだちと関わりながら遊ぶことが増えてきました。

P130_05
寒さに負けず、霜柱や氷などの冬の自然に親しみながら、たくさん遊んでいきたいと思います。

P130_06
床に広げた大きな紙にクレヨンを使ってなぐりがきをしました。描くことよりも、クレヨンの色に興味を示し、いろんな色を手に取って描いていました。

P130_07
2学期を振り返ると、入園時は先生と一緒に行っていたお仕度も自分でできるようになり、遊んでいる子の姿を見て、早く一緒に遊びたい！という気持ちからお仕度を頑張れるようになりました。支度が終わったらたくさん褒めて、次の意欲へとつながるようにしていきたいと思います。

P130_08
サツマイモのつると、お散歩中に拾ったどんぐりやまつぼっくりを使い、クリスマス会に飾るリースを制作しました。子どもたちは自由にデコレーションし、一人ひとり工夫をこらしたかわいらしいリースが完成しました。同じリースはひとつもありません。クリスマス会で展示しますので、ぜひご覧ください。

P130_09
クラスみんなで油粘土を使って動物園を作りました。「私はキリンを作る！」「僕はシカを作る！」。思い思いに好きな動物を作り始めましたが、「ウサギさんがいないから作る！」「動物さんの餌箱は？」と動物園にあるものを考え、一生懸命に制作に励んでいました。力作ですので、来園された際はぜひご覧ください。

子どもたちの姿

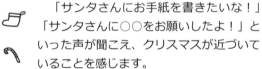

子どもたちはクリスマスを心待ちにしています。
「サンタさんにお手紙を書きたいな！」「サンタさんに○○をお願いしたよ！」といった声が聞こえ、クリスマスが近づいていることを感じます。
当園でもクリスマスツリー飾り、子どもたちとリースを制作しました。ご家庭に持ち帰りますので、ぜひ飾ってください。

P130_03

P130_10
今年は発表会にシンデレラのオペレッタを行います。取り組むたび、子どもたちはシンデレラのお話の世界に引き込まれているようです。歌に合わせて振り付けを考えたり、おともだちの役を見て「兵隊さんかっこいい！」と認め合う姿も見られました。役になりきって表現遊びを存分に楽しんでいます。発表会を楽しみにしていてください。

P130_11
お餅つきをしました。先生と一緒にきねを持ち上げて、一人5回ずつつき、寒空に「ぺったん、ぺったん」と子どもたちの声が響いていました。お餅は子どもたちサイズに小さくちぎり、きな粉、しょうゆ、大根おろし、あんこを付けて食べました。子どもたちに一番人気だったのはきな粉味でした。

クリスマス

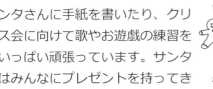

園内では、クリスマスツリーが設置され、子どもたちがきれいに飾り付けしました。

サンタさんに手紙を書いたり、クリスマス会に向けて歌やお遊戯の練習を元気いっぱい頑張っています。サンタさんはみんなにプレゼントを持ってきてくれます。

P131_01

🎀 クリスマス

P131_02

街中がクリスマスの音楽であふれる季節になりました。○○園でも、子どもたちとクリスマスツリーの飾り付けをしました。プレゼント入れを作ったり、サンタさんに手紙を書いたり、楽しみにクリスマスを待っています。当園でもクリスマス会を予定します。ぜひご参加ください。

P131_03

園内では、あちこちからクリスマスの歌が聞こえてきます。子どもたちはクリスマスを心待ちにしています。教室にクリスマスツリーを飾り、子どもたちと飾り付けしました。どんぐりや松ぼっくりを使ったリースも制作をしました。ご家庭に持ち帰りますので、ぜひ飾ってください。

P131_04　　P131_05　　P131_06　　P131_07

P131_08　　P131_09

P131_10　　P131_11　　P131_12

こちらも参照ください

P.182：「クリスマス会のお知らせテンプレート」
P.183：「クリスマス会のおたより文例・イラスト」

名前を書きましょう

持ち物に名前を書きましょう。

長い間使用している持ち物の名前は、時間が経って見えなくなっていることがあります。

見直して、薄くなっているならハッキリ見えるように書き直してください。

P131_13

🎀 名前を書きましょう

P131_14

持ち物に名前を書きましょう。マフラー、手袋、上着などにはしっかり名前を記入してください。

P131_15

持ち物に名前が書いてあるか確認してください。冬は衣類が多くなります。新しい衣類には名前を書いてください。マフラー、手袋、上着、今一度の確認をお願いします。

12月 師走、冬至、大晦日、除夜の鐘

○ 師走（しわす） ○

師走は旧暦の12月の名称です。由来は、師匠である僧侶が、お経をあげるために東西を馳せる「師馳す」という説が有力のようです。12月以外もあげておきます。1月：睦月（むつき）、2月：如月（きさらぎ）、3月：弥生（やよい）、4月：卯月（うづき）、5月：皐月（さつき）、6月：水無月（みなづき）、7月：文月（ふみづき）、8月：葉月（はづき）、9月：長月（ながつき）、10月：神無月（かんなづき）、11月：霜月（しもつき）です。

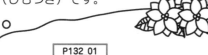

P132_01

師走

P132_02

12月の別称「師走（しわす）」。師匠である僧侶が、お経をあげるために東西を馳せる「師馳す」という説が有力のようです。また12月は「年の瀬」も耳にしますが、12月の終わりに近い時期のようです。「歳末」も使われますが、文字通り歳（年）の末で、年末と同じ意味ですね。

冬至

P132_03

冬至は一年で最も昼の短い日で、22日頃になります。カボチャを食べるのが習わしです。夏野菜のカボチャを冬至に食べる理由は、長く保存ができるから。栄養価が高いこともあります。もうひとつ習わしは「ゆず湯」。「ゆず湯に入ると風邪をひかない」と言われます。

P132_04　P132_05　P132_06　P132_07

P132_08　P132_09　P132_10　P132_11

大晦日（おおみそか）

P132_12

12月31日は大晦日です。もともと、ひと月の最終日のことを晦日（みそか）といい、一年の最後の晦日なので大晦日です。晦日は別名「つごもり」とも呼ばれます。大晦日は「おおつごもり」ですね。では、晦日の反対となる、月の初めの日はなんというかご存じですか？「朔日」（さくじつ）です。「朔」の一文字で「ついたち」と読みます。

除夜の鐘

P132_13

大晦日の夜に聞こえてくる除夜の鐘。回数は108回とされています。人には108の煩悩（人の苦の原因となる欲望や怒り、執着などのこと）があり、煩悩を祓うために108回つくのが除夜の鐘です。除夜の鐘は、一般人でもつくことができるようです。風邪をひかないように暖かい服装でお出かけください。

12月

2学期の振り返り、作品展開催の協力のお礼、冬のイメージイラスト

2学期の振り返り

あっという間に2学期終了です。1年を振り返ると日々の保育や行事ごとに子どもたちの成長を感じることができました。クラスという集団生活を通して、おともだちや先生と関わる中で心を通わせ、思いやりの気持ちや、信頼関係を築いてきました。

3学期も子どもたちとの関わりを深め、たくさんの思い出を作っていきたいと思います。

P133_01

作品展開催の協力のお礼

P133_02

先月の作品展へのご協力ありがとうございました。当日は、子どもたちから進んで、おうちのみなさんをうれしそうにご案内していましたね。作品展は、子どもたちが日々の保育の中で感じたこと、考えたことを作品として表現することのできるいい機会となりました。お子さんの表現力、想像力の豊かさとともに成長を感じることができたのではないでしょうか。これからも、保育の中で、イメージを豊かにし、さまざまな表現を楽しんでほしいと思います。

12月
2学期の振り返り、作品展開催の協力のお礼、冬のイメージイラスト

P133_03

P133_04

P133_05

P133_06

P133_07

P133_08

P133_09

P133_10

P133_11

P133_12

P133_13

P133_14

P133_15

P133_16

⬧ **サンプル❶**

1月の園だより

令和○年○月○日
○○○○○園

3学期が始まりました。年長組さんは園生活が残りわずかです。おともだちと仲良く、一日一日を大切に日々を過ごしてほしいと思います。

寒い日が続きますので、風邪をひかずに元気に登園できるよう、ご家庭でも健康管理をよろしくお願いします。

 お知らせ

○月○日（　）、園庭にてマラソン大会を行います。子どもたちは、寒さに負けずに練習を頑張っています。

鏡開き

松の内が終わり、鏡餅を食べるのが鏡開き。新しい年の神様が宿っていた鏡餅をいただくことで、家族の無病息災を願います。食べ方はお雑煮で食べるのが一般的ですが、お汁粉もおすすめですよ。

七福神

七福神をすべて言えますか？　大黒天（だいこくてん）、毘沙門天（びしゃもんてん）、恵比寿天（えびすてん）、寿老人（じゅろうじん）、福禄寿（ふくろくじゅ）、弁財天（べんざいてん）、布袋尊（ほていそん）です。

●おせち料理とお雑煮、

あけましておめでとうございます。お正月はゆっくりできたでしょうか？　ご実家でおせち料理やお雑煮などの正月料理を堪能したのではないでしょうか？　お雑煮は地域によって違いがあります。お餅の形や味噌の種類、具材もバリエーションに富んでいるのですね。おせち料理も地域によって異なるようです。一度食べ比べをしてみたいです。

1月生まれのおともだち

あいかわ　たくと　くん
いまなか　ゆうか　ちゃん
えんどう　たいち　くん
おの　まいか　ちゃん

おたんじょうび
おめでとう

P134_01

👉 **ポイント1**

七福神など、言葉は知っていてもそれぞれの神様は知らないもの。こんな豆知識を載せても面白いですね。

👉 **ポイント2**

おせち料理など地域ごとに異なる食文化について載せるのも面白いです。

 1月のおたよりで気をつけること

・新年へ向けての抱負を載せましょう。

・冬ならではの遊びを紹介したり、寒さ対策について記載しましょう。

サンプル❷

1月のクラスだより

令和〇年〇月〇日
〇〇〇〇〇園
担任：〇〇〇〇〇

あけましておめでとうございます。子どもたちも、新年のあいさつを元気にして、いつもと変わらず登園してくれました。楽しい冬休みの思い出もたくさん聞くことができました。
　新年、新学期もよろしくお願いします。

1月の行事

〇日　〇〇〇〇〇〇〇〇〇〇
〇日　〇〇〇〇〇〇〇〇〇〇
〇日　〇〇〇〇〇〇〇〇〇〇
〇日　〇〇〇〇〇

＊新学期の抱負＊

いよいよ3学期がスタートします。
3学期はあっという間に過ぎますので、1日1日を大切に過ごしていきたいと思います。
　これからも寒い日々が続きますが、風邪をひかないで、元気に登園してくださいね。

子どもたちの姿

　園庭に雪が積もり、雪でおままごとをして遊びました。ゼリーのカップを使って、かき氷をたくさん作ったり、小さな雪だるまを作る姿が見られました。あちこちで「先生写真撮ってー！」と、子どもたちからお願いされ、雪がとけてしまうのが惜しいようでした。

1月の目標

・風邪をひかないようにする。
・マラソンを頑張る。

マラソン大会のお知らせ

　〇月〇日（　）はマラソン大会を行います。
　ご家族のみなさんで応援にいらしてください。お子さん達の頑張って走る姿を応援してください。

1月生まれのおともだち

えんどう　たいち　くん
おの　まいか　ちゃん
かざま　しょうご　くん

おたんじょうび
おめでとう

P135_01

ポイント**1**

3学期はあっという間に過ぎてしまいます。新学期の抱負をお伝えしましょう。

ポイント**2**

子どもたちは、園で、おうちではできない遊びや体験をしています。それらの様子をしっかり伝えましょう。

　こちらも参照ください

「お知らせ」パート（P.160 〜 P.185）には、行事の案内テンプレートやイラストが収録されています。「カット集」パート（P.186 〜 P.201）には汎用的なカットが収録されています。ご利用ください。

P136_01 　P136_01A 　P136_01B

P136_02 　P136_02A 　P136_02B

P136_03 　P136_03A 　P136_03B

P136_04 　P136_04A 　P136_04B

P136_05 　P136_05A 　P136_05B

P136_06 　P136_06A 　P136_06B

P136_07 　P136_07A 　P136_07B

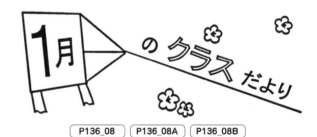

P136_08 　P136_08A 　P136_08B

🎀 1月のあいさつ文

P136_09

雪が積もったときは園庭で雪遊びをします。雪遊びができるような手袋、子どもたちが着脱しやすい防寒着を準備してください。

P136_10

3学期が始まりました。寒い日が続きますので、風邪をひかずに元気に登園できるよう、ご家庭でも健康管理をよろしくお願いします。

P136_11

異年齢のおともだちとも関わる機会を設け、おともだちと触れ合いながら遊ぶことを楽しむことを経験してほしいと思います。

P136_12

冬休みが終わりました。生活のリズムを整え、安定して過ごせるよう配慮していきたいと思います。ご家庭でもご協力よろしくお願いします。

P136_13

節分の行事についての絵本を読み、お面を制作しました。赤、青、緑、さまざまな鬼がいます。今から「おにはそと、ふくはうち」の練習をして、豆まきの準備はばっちりです。

P136_14

いよいよ最後の学期が始まります。年長組さんは園生活が残りわずかです。おともだちと仲良く、一日一日を大切に日々を過ごしてほしいと思います。

1月

1月の行事、1月のこんだて、その他のイラスト

P137_01　P137_01A　P137_01B

P137_02　P137_02A　P137_02B

P137_03　P137_03A　P137_03B

P137_04　P137_04A　P137_04B

P137_05　P137_05A　P137_05B

P137_06　P137_06A　P137_06B

P137_13　P137_14　P137_15

1月のうた

P137_07　P137_07A　P137_07B

1月の予定

P137_08　P137_08A　P137_08B

お知らせ

P137_09　P137_09A　P137_09B

1月の目標

P137_10　P137_10A　P137_10B

お願い

P137_11　P137_11A　P137_11B

持ち物

P137_12　P137_12A　P137_12B

P137_16

P137_17

P137_18

P134-P141_Jan　P137

1月

1月生まれのおともだち、子どもたちの姿

1月生まれのおともだち

えんどう たいち くん
おの まいか ちゃん
かざま しょうご くん

おたんじょうび
おめでとう

P138_01

1月生まれのおともだち

えんどう たいち くん
おの まいか ちゃん
かざま しょうご くん

おたんじょうび
おめでとう

P138_02

🎀 子どもたちの姿

P138_04

休み明けで不安定になる子もいましたが、少しずつ園生活のリズムを取り戻してきています。おともだちや先生とお正月のできごとを話し、カルタやすごろくをして遊び保育室は楽しい雰囲気に包まれています。

P138_05

お遊戯会の練習がスタートしました。子どもたちは自由遊びの時間も「劇の音楽流して〜」と何度もCDを聴き、お遊戯会ごっこをして遊んでいます。発表会本番が今から楽しみです。

P138_06

吐いた息が真っ白になることを楽しむ子どもたち。遊具にも霜が降り、はじめはそーっと触っていましたが「集めると雪みたいだよ！」と冷たさも忘れて遊んでいます。「早く雪降らないかな〜」と雪遊びをすることを今からとても楽しみにしています。

P138_07

新しい年になりました。冬休みが明け、久しぶりの登園に緊張している子もいるかな、と少し心配していましたが、いつも通り登園し、お仕度を済ませ、元気いっぱい遊んでいます。その姿は少し大きくなったような。まだまだ寒さが続きますが、感染症に気をつけながら新学期もたくさんの思い出を作りたいと思います。

P138_08

お遊戯会で、役になりきって遊ぶ楽しさを体験してから、さまざまなお話に興味を示し、登場する役になって遊ぶようになりました。お話の中で出てくる道具も廃材を利用して作っています。次はどんなお話をして遊ぶのか楽しみです。

子どもたちの姿

園庭に雪が積もり、雪でおままごとをして遊びました。ゼリーのカップを使って、かき氷をたくさん作ったり、小さな雪だるまを作る姿が見られました。あちこちで「先生写真撮ってー！」と、子どもたちからお願いされ、雪がとけてしまうのが惜しいようでした。

P138_03

P138_09

コマ回しに挑戦しています。ひもを巻く作業が難しく「難しいなあ〜」「解けちゃった」と悪戦苦闘しながらも巻き終えると、今度は回す過程がまた難しいようです。

P138_10

コマ回しはコツコツと練習を重ね、あきらめずに練習し、回せるようになった子もいます。回せる子を見て「すごい！」「教えて！」とまたチャレンジする子が増えました。これからも根気強く、コマ回しにチャレンジし続けたいと思います。

P138_11

お正月はご家庭で楽しく過ごされたことと思います。久しぶりに○○園に賑やかな子どもたちの声が響き渡り、お正月ならではのコマ回しや、すごろく、羽根つきなど昔ながらの伝統的な遊びも楽しんでいます。

＊新学期の抱負＊

あけましておめでとうございます。いよいよ３学期がスタートします。３学期はあっという間に過ぎますので、１日１日を大切に過ごしていきたいと思います。
　これからも寒い日々が続きますが、風邪をひかないで、元気に登園してくださいね。

P139_01

マラソン大会のお知らせ

　○月○日（　）はマラソン大会を行います。
　ご家族のみなさんで応援にいらしてください。お子さんたちの頑張って走る姿を応援してください。

P139_04

🎀 新学期の抱負

P139_02

あけましておめでとうございます。子どもたちも、新年のあいさつを元気にして、いつもと変わらず登園してくれました。楽しい冬休みの思い出もたくさん聞くことができました。新年、新学期もよろしくお願いします。

P139_03

長い冬休みはどのように過ごされましたか？　寒い季節ですので、一人ひとり体調面に気をつけ、健康で快適に過ごせるよう、配慮していきたいと思います。

🎀 マラソン大会

P139_05

○月○日（　）、園庭にてマラソン大会を行います。子どもたちは毎朝園庭を走っています。大人でも苦しい距離を小さなからだで一生懸命に走る子どもたちの姿は、見ていて胸が熱くなります。ご家族のみなさんも、応援にいらして。お子さん達の頑張って走る姿を応援してください。

P139_06

○月○日（　）は、マラソン大会でした。子どもたちは、小さなからだで一生懸命走りました。手作りの冠を付けてもらい、みんな疲れているのにニコニコしていました。忙しいなか、応援にいらしてくださった保護者のみなさん、ありがとうございました。

P139_07　　P139_08　　P139_09　　P139_10

P139_11　　P139_12　　P139_13　　P139_14

1月

元旦、松の内、鏡開き、七福神、七草がゆ、お正月のイメージイラスト

元旦、松の内、鏡開き、七福神、七草がゆ、お正月のイメージイラスト

あけましておめでとうございます。お正月はいかがでしたか？
　さて、元旦と元日の違いをご存じですか？　元日は1月1日のこと。元旦は、元日の朝のことを言うんだそうです。「旦」の字は、日が水平線の「−」の上に出ている形をしていますね。

P140_01

七福神

七福神をすべて言えますか？　大黒天（だいこくてん）、毘沙門天（びしゃもんてん）、恵比寿天（えびすてん）、寿老人（じゅろうじん）、福禄寿（ふくろくじゅ）、弁財天（べんざいてん）、布袋尊（ほていそん）です。

P140_04

🎀 松の内

P140_02

松の内は、正月の門松を飾る期間のこと。でも、地域差があるそうです。東日本では7日まで、西日本では15日までが多いようです。

🎀 鏡開き

P140_03

松の内が終わり、鏡餅を食べるのが鏡開き。新しい年の神様が宿っていた鏡餅をいただくことで、家族の無病息災を願います。食べ方はお雑煮で食べるのが一般的ですが、お汁粉もおすすめですよ。

🎀 七福神

P140_05

七福神とは、大黒天、毘沙門天、恵比寿天、寿老人、福禄寿、弁財天、布袋尊の七つの神様の総称です。これらの神様を参拝する七福神巡り。日本各地にあるようです。お散歩がてらお出かけしてはいかがですか？

🎀 七草がゆ

P140_06

1月7日は朝食に、無病息災を願い、春の七草が入ったおかゆを食べる風習があります。これは、お正月のおせち料理で疲れた胃を休める目的もあるようです。ちなみ春の七草は、セリ・ナズナ・ゴギョウ・ハコベラ・ホトケノザ・スズナ・スジシロです。スーパーなどでセットで販売されています。

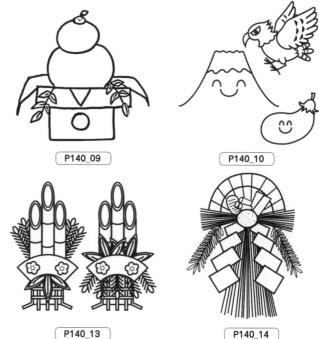

P140_07 　 P140_08 　 P140_09 　 P140_10

P140_11 　 P140_12 　 P140_13 　 P140_14

1月

おせち料理、成人の日、お正月の遊びのイメージイラスト

●おせち料理とお雑煮●

あけましておめでとうございます。お正月はゆっくりできたでしょうか？ ご実家でおせち料理やお雑煮などの正月料理を堪能したのではないでしょうか？ お雑煮は地域によって違いがあります。お餅の形や味噌の種類、具材もバリエーションに富んでいるのですね。おせち料理も地域によって異なるようです。一度食べ比べをしてみたいです。

P141_01

おせち料理

P141_02
お正月の食卓を彩るおせち料理。元は歳神様への供物が由来です。今では、百貨店や通販などでも豪華なおせち料理が手に入ります。地方色もあるので、食べたことのないおせちを加えたお正月も楽しいです。

成人の日

P141_03
1月の第2月曜日は成人の日。多くの自治体で成人式が行われます。女性は振袖、男性はスーツや羽織り袴などで、華やかな光景を目にしますね。始まりは昭和23年。敗戦下の日本で若者を励ますことが目的だったそうです。

P141_04

P141_05

P141_06

P141_07

P141_08

P141_09

P141_10

P141_11

P141_12

P141_13

P141_14

P141_15

サンプル❶

令和〇年〇月〇日
〇〇〇〇〇園

新学期が始まり、あっという間に1カ月が経ちました。毎日寒い日が続いていますが、子どもたちは外で霜柱や、氷を見つけたり、大好きな鬼ごっこをして元気に遊んでいます。冬の寒さに負けず、すすんでからだを動かして遊びたいと思います。

お遊戯会に向けて

お遊戯会の練習を始める声をかけると、子どもたちから進んで劇のセットを準備します。おともだちのセリフも覚えていて、休んだ子のセリフまで言えます。子どもたちの吸収力はすごいなと感心してしまいます。

建国記念の日

2月11日は建国記念の日。「建国をしのび、国を愛する心を養う日」として、1966年に定められました。

お子さんと、日本がどんな形をしているか、地図を見て確認してみてはいかがですか。

豆まき大会について

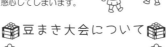

〇月〇日は豆まき大会を行います。当園では、節分に関するお話をしたり、絵本を通して豆まきの由来をお話しています。ご家庭でも機会がありましたら、ぜひお子さんと豆まきのお話をしてください。

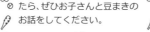

2月の行事

〇日　〇〇〇〇〇〇
〇日　〇〇〇〇〇〇
〇日　〇〇〇〇〇〇
〇日　〇〇〇〇〇
〇日　〇〇〇〇〇

2月生まれのおともだち

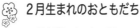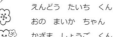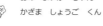

えんどう　たいち　くん
おの　まいか　ちゃん
かざま　しょうご　くん

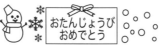

おたんじょうび
おめでとう

P142_01

ポイント❶

お遊戯会などの催し物があるときは、練習風景などの様子を伝えましょう。

ポイント❷

豆まき大会には、なぜ鬼が出てくるのか、なぜ豆をぶつけるのか。お子さんと話してみてください。

2月のおたよりで気をつけること

・2月ならではの行事の説明や、進級前の子どもたちの様子を伝えましょう。
・子どもたちが氷や霜柱など、冬の自然に触れた姿なども記載しましょう。

2月 2月のおたより用テンプレート ❷

サンプル❷

ポイント1

チョコの持参については、園での方針をしっかり伝えるといいでしょう。

令和〇年〇月〇日
〇〇〇〇〇園
担任：〇〇〇〇〇

2月のクラスだより

相変わらず寒い日が続いていますね。〇〇園では観劇会を行いました。子どもたちにわかりやすい内容と、かわいらしい人形で、子どもたちは物語に引き込まれ、楽しく鑑賞することができました。

●子どもたちの姿

子どもたちは、お遊戯会へ向けて毎日一生懸命、練習に取り組んでいます。はじめはぎこちなかった動きも、少しずつ自信を持ってできるようになってきました。
役になりきって、表現する楽しさを味わってほしいと思います。

節分について

2月3日頃は節分です。翌日の立春から新しい年が始まることから、節分に邪気を祓うために豆まきなどを行ったそうです。
鰯の頭をヒイラギの先に付けて飾る風習も魔除けとされます。恵方巻きを食べるのも一般的になりました。
豆まきは、日本の伝統行事です。ご家庭でも、お子さんと一緒に楽しんでください。

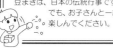

♪お遊戯会の持ち物について♪

お遊戯会で〇〇組は〇〇〇〇をします。
〇月〇日〇曜日までに、持ち物（白タイツ、黒のTシャツ）を名前を書いた紙袋に入れて持ってきてください。

忘れないように！

ポイント2

お遊戯会などの催し物があるときは、練習風景などの様子を伝えましょう。

お願い

バレンタインデーのチョコをお子さんにお持たせすることはご遠慮ください。当園では、食べ物のアレルギーに気をつけています。楽しい日ですが、アレルギーの観点からチョコのやり取りはご遠慮ください。

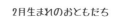

2月生まれのおともだち

えんどう　たいち　くん
おの　まいか　ちゃん
かざま　しょうご　くん

おたんじょうび
おめでとう

P143_01

こちらも参照ください

お遊戯会関連は、P.172の「お遊戯会のお知らせテンプレート」や、P.173の「お遊戯会のおたより文例・イラスト」を参照ください。
また、「お知らせ」パート（P.160～P.185）には、行事の案内テンプレートやイラストが収録されています。「カット集」パート（P.186～P.201）には汎用的なカットが収録されています。ご利用ください。

2月の園だより

P144_01　P144_01A　P144_01B

2月の園だより

P144_02　P144_02A　P144_02B

2月の園だより

P144_03　P144_03A　P144_03B

2月の園だより

P144_04　P144_04A　P144_04B

クラスだより

P144_05　P144_05A　P144_05B

2月のクラスだより

P144_06　P144_06A　P144_06B

2月のクラスだより

P144_07　P144_07A　P144_07B

2月のクラスだより

P144_08　P144_08A　P144_08B

2月のあいさつ文

P144_09

相変わらず寒い日が続いていますね。○○園では観劇会を行いました。子どもたちにわかりやすい内容と、かわいらしい人形で、子どもたちは物語に引き込まれ、楽しく鑑賞することができました。

P144_10

新学期が始まり、あっという間に1カ月が経ちました。まだまだ寒い日が続きますが、風邪をひかないよう、気をつけて過ごしましょう。

P144_11

寒い日が続きます。当園では、風邪予防を子どもたちがすすんでできるようこまめに声をかけています。ご家庭でも手洗いうがいを進んでできるよう、お話してください。

P144_12

毎日寒い日が続いていますが、子どもたちは外で霜柱や、氷を見つけたり、大好きな鬼ごっこをして元気に遊んでいます。冬の寒さに負けず、すすんでからだを動かして遊びたいと思います。

P144_13

感染症が流行しやすい時期です。手洗い、うがいをしっかり行いましょう。外出時のマスクの着用も忘れないようにお願いします。朝の検温時、○度以上熱がある時は登園を控えてください。

P144_14

寒い日が続いていますが、子どもたちは元気に園庭に出て、雪や氷、霜柱を発見し、そーっと触れ冷たさにびっくりしながらも、冬ならではの自然を満喫しています。

2月

2月の行事、2月のこんだて、その他のイラスト

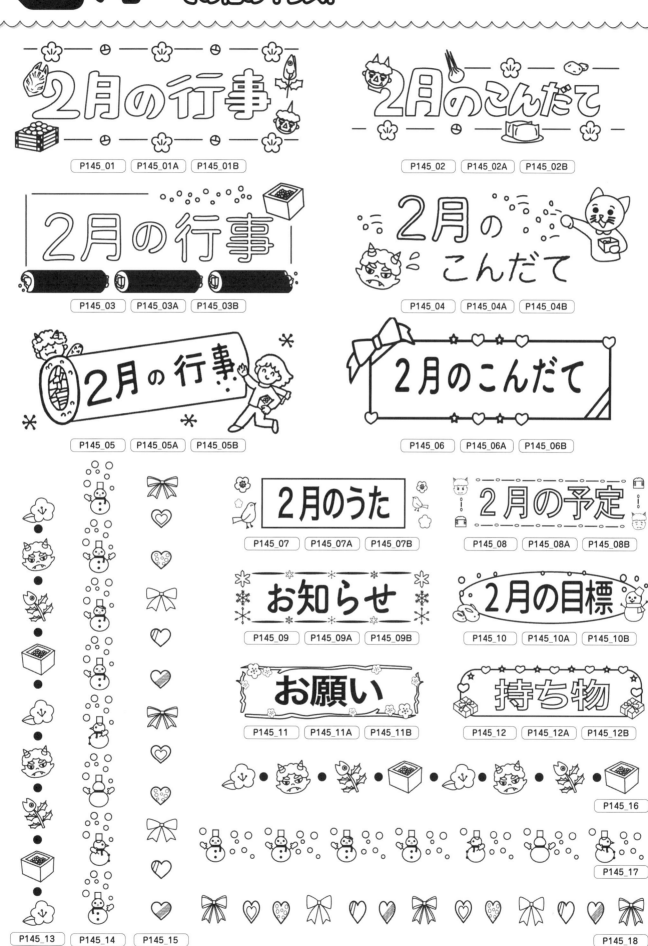

P145_01　P145_01A　P145_01B

P145_02　P145_02A　P145_02B

P145_03　P145_03A　P145_03B

P145_04　P145_04A　P145_04B

P145_05　P145_05A　P145_05B

P145_06　P145_06A　P145_06B

2月のうた
P145_07　P145_07A　P145_07B

2月の予定
P145_08　P145_08A　P145_08B

お知らせ
P145_09　P145_09A　P145_09B

2月の目標
P145_10　P145_10A　P145_10B

お願い
P145_11　P145_11A　P145_11B

持ち物
P145_12　P145_12A　P145_12B

P145_16

P145_17

P145_13　P145_14　P145_15

P145_18

2月生まれのおともだち

えんどう　たいち　くん

おの　まいか　ちゃん

かざま　しょうご　くん

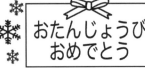

おたんじょうび
おめでとう

P146_01

🎀 子どもたちの姿

P146_04

絵本の読み聞かせの時間に、子どもたちから「お遊戯会のお話を読んで！」とリクエストされることがあります。練習を通して、ストーリーに引き込まれているようです。

P146_05

お遊戯会の練習を始める声をかけると、子どもたちから進んで劇のセットを準備します。おともだちのセリフも覚えていて、休んだ子のセリフまで言えます。子どもたちの吸収力はすごいなと感心してしまいます。

P146_06

もうすぐ小学生になる年長組さん。小学校へ見学に行ってきました。到着すると、体育館で1年生が歓迎してくれました。きれいに整列して元気にあいさつしてくれる1年生に、少し緊張ぎみの年長組さんでした。

P146_07

小学校へ見学に行った年長組さん。はじめは緊張していましたが、玉入れのゲームを一緒に行っていくうちに笑顔が見られ、とても楽しそうでした。卒園したおともだちの姿も見られ、1年生への憧れの気持ちを持つことができたと思います。

P146_08

節分の豆まき大会に向けて、鬼のお面を制作しました。完成すると早速鬼になりきって、遊んでいました。豆まき大会でも鬼をやっつけるぞ！と張り切っていましたが、当日鬼が保育室に入ってくると、かたまって泣き顔の子も。でもクラスみんなで力を合わせて鬼を倒すことができました。お豆も美味しかったようで、年齢関係なくたくさん食べました。

2月生まれのおともだち

えんどう　たいち　くん

おの　まいか　ちゃん

かざま　しょうご　くん

おたんじょうび
おめでとう

P146_02

子どもたちの姿

　子どもたちは、お遊戯会へ向けて毎日一生懸命、練習に取り組んでいます。はじめはぎこちなかった動きも、少しずつ自信を持ってできるようになってきました。
　役になりきって、表現する楽しさを味わってほしいと思います。

P146_03

P146_09

郵便屋さんごっこをしました。お隣のクラスの子や、年少のクラスの子にお手紙を書いて、ポストに入れました。郵便お当番のおともだちが順番にクラスにお手紙を届けます。お手紙は受け取るとうれしいものですよね。

P146_10

前日に水道に水を張り、氷を作っていた子どもたち。今日は氷になったか気になって、登園してすぐに水道に様子を見に行きました。氷ができているのを見ると、「ガラスみたい！」「かたくなった！」とうれしそうにみんなで見ていました。次は「氷の中に葉っぱを入れてみる！」とオリジナル氷を作るようです。

2月 豆まき大会、節分、立春

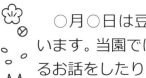 豆まき大会について

　　○月○日は豆まき大会を行います。当園では、節分に関するお話をしたり、絵本を通して豆まきの由来をお話しています。ご家庭でも機会がありましたら、ぜひお子さんと豆まきのお話をしてください。

P147_01

節分について

　2月3日頃は節分です。翌日の立春から新しい年が始まることから、節分に邪気を祓うために豆まきなどを行ったそうです。
　鰯の頭をヒイラギの先に付けて飾る風習も魔除けとされます。恵方巻きを食べるのも一般的になりました。
　豆まきは、日本の伝統行事です。ご家庭でも、お子さんと一緒に楽しんでください。

P147_04

❀ 豆まき大会

P147_02

○月○日、豆まき大会を行いました。子どもたちは、鬼役の子と豆まきをする子に分かれ豆まきをしました。鬼役の子は、自分で作った鬼のお面を付け、逃げ回っていました。邪気は無事払えたようです。これから一年間、健康で幸せに過ごせると思います。

P147_03

○月○日、豆まき大会を行いました。鬼が来ることをちょっと怖がっていた子どもたち。先生が鬼の面をかぶって出てくると、大はしゃぎで豆をぶつけていました。子どもたちのパワーに鬼も降参したようでした。

❀ 節分

P147_05

節分は、毎年2月3日頃になります。節分とは季節の変わり目のこと。2月の節分は、旧暦でいう1年の最後の日。そのため、病気や災害を鬼にたとえて、豆をまいて追い払い、一年を迎える行事が節分の豆まきです。

❀ 立春

P147_06

節分の翌日は立春。旧暦ではこの日が新年のはじめの日です。八十八夜や二百十日も立春を基準にしています。まだまだ、日本古来の習慣が残っているのですね。

2月
豆まき大会、節分、立春

P147_07

P147_08

P147_09

P147_10

P147_11

P147_12

P147_13

P147_14

バレンタインデーは、国民的行事になりました。好きな人にチョコレートを送ったことのあるお母さん、もらえるかどうかドキドキしていたお父さん、きっといらっしゃいますよね。チョコレート会社の宣伝が始まりとか、由来はいろいろ。ちょっと奮発して、家族で高級チョコレートを食べてみてはいかがですか？

バレンタインデー

P148_01

❀ バレンタインデー

P148_02

2月14日はバレンタインデー。古代ローマでは若者の結婚が禁じられていました。バレンタイン司祭は密かに結婚させていましたが、皇帝にばれて処刑された日が2月14日。その後、恋人の守護神としてまつられ、今のバレンタインデーになったそうです。

❀ バレンタインデーの注意

P148_03

バレンタインデーのチョコをお子さんにお持たせすることはご遠慮ください。当園では、食べ物のアレルギーに気をつけています。楽しい日ですが、アレルギーの観点からチョコのやり取りはご遠慮ください。

バレンタインデーの注意

楽しいバレンタインデーですが、当園ではチョコの受け渡しを禁止しています。
バレンタインデーのチョコをお子さんにお持たせすることはご遠慮ください。

P148_04

P148_05

P148_06

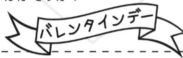

カカオ

P148_07

P148_08

P148_09

P148_10

バレンタインデー

P148_11

choco

P148_12

P148_13

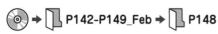

建国記念の日

2月11日は建国記念の日。「建国をしのび、国を愛する心を養う日」として、1966年に定められました。

お子さんと、日本がどんな形をしているか、地図を見て確認してみてはいかがですか。

P149_01

♪お遊戯会の持ち物について♪

お遊戯会で○○組は○○○○をします。

○月○日○曜日までに、持ち物（白タイツ、黒のTシャツ）を名前を書いた紙袋に入れて持ってきてください。

忘れないように！

P149_04

❀ 建国記念の日

P149_02

2月11日は建国記念の日。日本という国ができたことを祝う日です。日本とか国とかの概念をお子さんに説明するのは難しいですね。地図で見て日本の形を見てみたり、国旗が国ごとに違うなど、わかりやすいことからお話してはいかがですか？

❀ ビスケットの日

P149_03

2月28日はビスケットの日。水戸藩の柴田方庵が長崎でビスケットの作り方を学び、同藩に作り方を送ったのが1855年のこの日だそうです。また、ビスケットはラテン語で「2度焼かれたもの」という意味で、「2（に）ど8（や）かれたもの」の語呂合わせもあるようです。

❀ お遊戯会

P149_05

○月○日にお遊戯会を開催します。出し物の準備として、○月○日○曜日までに、白いタイツと黒のTシャツを、名前を書いた紙袋に入れて持たせてください。どんな袋でもかまいませんが、名前を忘れないようにお願いします。

P149_06

○月○日のお遊戯会で○○組は○○○○をします。準備として○月○日○曜日までに、以下の持ち物を、名前を書いた紙袋に入れて持ってきてください。
・白いタイツ　・黒のTシャツ

P149_07

おゆうぎかい

P149_08

👉 こちらも参照ください

P.172：「お遊戯会のお知らせテンプレート」
P.173：「お遊戯会のおたより文例・イラスト」

❀ 初午いなり

P149_09

初午（はつうま）とは、2月の第一午の日に行われる稲荷神社のお祭りです。お稲荷さんで親しまれる稲荷神社、「稲成り」や「稲を荷なう」などが由来です。境内のきつねは稲荷神のお使いです。初午の日には、きつねの好物である、いなり寿司を食べると福を招くと言われています。

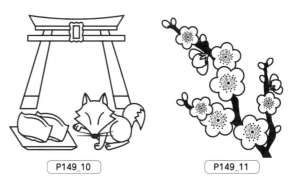

P149_10　　　P149_11

サンプル❶

令和〇年〇月〇日
〇〇〇〇〇園

陽光が春めいてきたように感じます。暖かい春がすぐそばまできていますね。〇〇園では進級に向けて、普段の姿勢や、態度を意識して過ごしています。残り少ない日数をおともだちや先生と楽しく過ごし思い出を作っていきたいです。

 お知らせ

3月〇日に今年度の修了式を行います。これで今年度の日程は終了です。
1年で大きくなった子どもたち。みんな自信を持ったいい顔になりました。保護者の皆様ありがとうございました。4月からは学年が1つ上がります。笑顔で会えることを楽しみにしています。

子どもたちの姿

ひな祭りの歌が流れると、先生と一緒に歌い、リズムに合わせてからだを動かす姿はとてもかわいらしいです。
ひな祭りの集いでは、楽しい雰囲気を感じ、春の訪れを楽しみにできるようにしたいと思います。

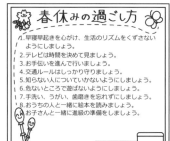

春休みの過ごし方

1. 早寝早起きを心がけ、生活のリズムをくずさないようにしましょう。
2. テレビは時間を決めて見ましょう。
3. お手伝いを進んで行いましょう。
4. 交通ルールはしっかり守りましょう。
5. 知らない人についていかないようにしましょう。
6. 危ないところで遊ばないようにしましょう。
7. 手洗い、うがい、歯磨きを忘れずにしましょう。
8. おうちの人と一緒に絵本を読みましょう。
9. お子さんと一緒に進級の準備をしましょう。

3月生まれのおともだち

えんどう　たいち　くん
おの　まいか　ちゃん
かざま　しょうご　くん

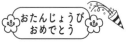
おたんじょうび おめでとう

パンダの日

3月11日はパンダの日です。西洋人がジャイアント・パンダを発見した日なので、ホントは「パンダ発見の日」ですね。1869年にフランス人が発見したそうです。

P150_01

ポイント**1**

終業式、卒園式などの日程をお伝えしましょう。

3月のおたよりで気をつけること

・春めいてきた様子が伝わるよう、暖かなイラストを活用しましょう。
・一年を振り返った、子どもたちの様子を記載しましょう。
・進級や進学への期待も載せるといいでしょう。

3月のおたより用テンプレート ❷

 サンプル❷

ポイント**1**

終業式や卒園式に向けての言葉を記載
しましょう。

3月のクラスだより

令和〇年〇月〇日
〇〇〇〇〇園
担任：〇〇〇〇〇

3月の行事

〇日　〇〇〇〇〇〇
〇日　〇〇〇〇〇〇
〇日　〇〇〇〇〇〇
〇日　〇〇〇〇〇〇
〇日　〇〇〇〇〇〇

　春一番も吹き、南からの暖かい風が増えてきました。子ども
たちとの園生活ももう少しで一区切りとなります。楽しく過ご
せるようにしたいと思います。

終業式に向けて

　進級に向けて下級生のお手本となるよう過ごす姿が見られます。
生活の中での姿勢や態度を見直し、残り少ない今学期も、おともだち
や先生と仲良く過ごしましょう。

 ひな祭り

　3月3日はひな祭り。桃の節句とも呼
ばれ、女の子の健やかな成長を願う日で
す。ひな祭りで思い浮かぶのがひな人
形。場所をとらないコンパクトなものが
トレンドのようです。桜餅やひなあら
れ、ちらし寿司などを食べるのも一般的
ですね。子どもはあっという間に成長し
てしまいます。ぜひ家族で楽しいひな祭
りをお過ごしください。

春休みの過ごし方

　春休みになります。年度替わりで帰省などお出
かけする機会も多いと思います。お子さんが迷子
にならないように、必ず手をつなぐなどしてくだ
さい。4月に入ったら、持ち物の確認や名前の記
入など、進級の準備もお願いします。新学期には、
笑顔で会えることを楽しみにしています。

3月生まれのおともだち

えんどう　たいち　くん
おの　まいか　ちゃん
かざま　しょうご　くん

おたんじょうび
おめでとう

P151_01

ポイント**2**

春休みは、新しい年度の準備が必要になります。引っ
越しなど、生活環境が変わることもあるので、気づ
いたことをお伝えするようにしましょう。

 こちらも参照ください

卒園式関連は、P.184の「卒園式のお知らせテンプレート」や、P.185
の「卒園式のおたより文例・イラスト」を参照ください。
また「お知らせ」パート（P.160〜P.185）には、行事の案内テンプレー
トやイラストが収録されています。「カット集」パート（P.186〜P.201）
には汎用的なカットが収録されています。ご利用ください。

P152_01　P152_01A　P152_01B

P152_02　P152_02A　P152_02B

P152_03　P152_03A　P152_03B

P152_04　P152_04A　P152_04B

P152_05　P152_05A　P152_05B

P152_06　P152_06A　P152_06B

P152_07　P152_07A　P152_07B

P152_08　P152_08A　P152_08B

🎀 3月のあいさつ文

P152_09

陽光が春めいてきたように感じます。暖かい春がすぐそばまできていますね。○○園では進級に向けて、普段の姿勢や、態度を意識して過ごしています。残り少ない日数をおともだちや先生と楽しく過ごし思い出を作っていきたいです。

P152_10

感染症予防対策として、毎朝検温していただきありがとうございます。当園でも手洗いうがい、マスクの装着、水分補給、換気を徹底して行っていきたいと思います。引き続きご協力お願いいたします。

P152_11

小学校への進学を前に、自覚をもって園生活を送る姿が見られます。新生活への期待を胸に、園生活を振り返りながら残り少ない日々を大切に過ごしていきたいと思います。

P152_12

暖かさを感じる日が増えてきました。園庭の桜のつぼみも膨らみ始めています。残り少ない園生活、楽しい思い出を作れるようにしたいと思います。

P152_13

春一番も吹き、南からの暖かい風が増えてきました。子どもたちとの園生活ももう少しで一区切りとなります。楽しく過ごせるようにしたいと思います。

P153_01　P153_01A　P153_01B

3月のこんだて

P153_02　P153_02A　P153_02B

P153_03　P153_03A　P153_03B

3月のこんだて

P153_04　P153_04A　P153_04B

P153_05　P153_05A　P153_05B

3月のこんだて

P153_06　P153_06A　P153_06B

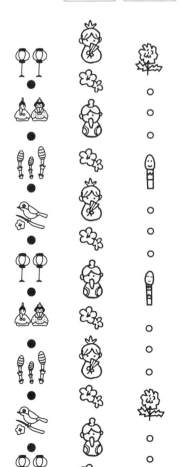

3月のうた

P153_07　P153_07A　P153_07B

3月の予定

P153_08　P153_08A　P153_08B

お知らせ

P153_09　P153_09A　P153_09B

3月の目標

P153_10　P153_10A　P153_10B

お願い

P153_11　P153_11A　P153_11B

持ち物

P153_12　P153_12A　P153_12B

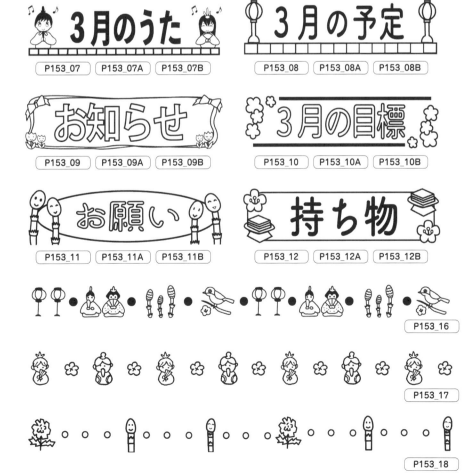

P153_16

P153_17

P153_13　P153_14　P153_15

P153_18

3月 3月生まれのおともだち、子どもたちの姿

3月生まれのおともだち

えんどう　たいち　くん

おの　まいか　ちゃん

かざま　しょうご　くん

 おたんじょうび おめでとう

P154_01

3月生まれのおともだち

えんどう　たいち　くん

おの　まいか　ちゃん

かざま　しょうご　くん

 おたんじょうび おめでとう

P154_02

🎀 子どもたちの姿

P154_04

進級への期待から、身の回りの始末をしっかりして、約束を守って生活する姿が見られます。1年でみちがえるように成長したことをたのもしく感じます。

P154_05

だんだんと暖かい日が増えてきました。気温に関係なく、子どもたちは、毎日元気に外遊びを楽しんでいます。

P154_06

子どもたちは、春ならではのかわいらしいお花を見つけたり、てんとう虫を発見したり、春探しを楽しむ姿が見られるようになってきました。みんなで植えたチューリップも成長しています。入園式にはきれいに咲いて、新しいおともだちをお迎えしてくれることでしょう。

P154_07

進級を目前に、ますますお当番活動を積極的に行う姿が見られるようになってきました。自分たちで気づいて「お手伝いすることはありますか」とお仕事探しをしたり、片付け忘れている物を見つけて、お当番同士で協力し合って片付ける姿が見られ、頼もしく思います。

P154_08

身の回りのことを進んでしようとする姿が多くみられるようになりました。進級するクラスに遊びにいくと、いつもと違うおもちゃや、机やいすの位置に戸惑いもせず、遊んでいました。進級することを楽しみに過ごせるよう配慮していきたいと思います。

子どもたちの姿

ひな祭りの歌が流れると、先生と一緒に歌い、リズムに合わせてからだを動かす姿はとてもかわいらしいです。

ひな祭りの集いでは、楽しい雰囲気を感じ、春の訪れを楽しみにできるようにしたいと思います。

P154_03

P154_09

連日暖かな陽気で園庭の桜もつぼみが膨らんできています。お散歩に行くと、暖かさで出てきた虫たちに遭遇。てんとう虫やトカゲも出てきて、大喜びで追いかけています。

P154_10

お散歩大好きな子どもたち。はしゃいで転んでしまうこともありましたが、「もうすぐお兄さんクラスになるから泣かない」と頼もしい姿も見られ、うれしく思います。進級しても○○組で過ごした思い出を忘れず、頑張ってほしいと思います。

3月

終業式（修了式）に向けて、日常生活の思い出のイメージイラスト

終業式に向けて

　進級に向けて下級生のお手本となるよう過ごす姿が見られます。
　生活の中での姿勢や態度を見直し、残り少ない今学期も、おともだちや先生と仲良く過ごしましょう。

P155_01

🎀 終業式（修了式）に向けて

P155_02

保護者の皆様には1年間たくさんのご協力をいただき、本当にありがとうございました。この号をもちまして、○年度の○○○だよりを終わらせていただきます。ありがとうございました。

P155_03

年長さんとのお別れの日が迫っています。残り少ない年長さんとの日々を最後まで楽しく過ごせるようにしていきたいと思います。そして、進級する自覚も育んでほしいです。

P155_04

P155_05

P155_06

P155_07

P155_08

P155_09

P155_10

P155_11

P155_12

P155_13

P155_14

3月

ひな祭り

ひな祭り

　3月3日はひな祭り。桃の節句とも呼ばれ、女の子の健やかな成長を願う日です。ひな祭りで思い浮かぶのがひな人形。場所をとらないコンパクトなものがトレンドのようです。桜餅やひなあられ、ちらし寿司などを食べるのも一般的ですね。子どもはあっという間に成長してしまいます。ぜひ家族で楽しいひな祭りをお過ごしください。

P156_01

 **ひな祭り**

P156_02

ひな祭り（3月3日）に飾るひな人形。平安時代の紙でできた人形（ひとかた）に厄を移して川に流す「流し雛（ながしびな）」と、貴族の子女が楽しんだ、紙で作った男女一対の人形遊び「雛遊び（ひいなあそび）」が起源とされています。

P156_03

ひな祭り（3月3日）は、女の子の健やかな成長を願う日。○○園でも、折り紙でひな人形を作りました。ご家庭で飾ってください。飾る位置ですが、左に男雛、右に女雛を飾るのが一般的。でも、京都ではその反対、男雛を右、女雛を左に飾ります。面白いですね。

P156_04

P156_05

P156_06

P156_07

P156_08

P156_09

P156_12　P156_13

P156_10

P156_11

P156_14

P156_15

3月 啓蟄、春分の日

春分の日と啓蟄

3月21日前後は春分の日です。昼と夜の長さが同じになる日ですね。春分の日の前の15日を啓蟄（けいちつ）と言うそうです。土の中で冬眠していた虫が目覚め、動き出すという意味があります。春分の日を過ぎるとだんだんと暖かさを感じてきます。春が近づき新しい学期へと変わります。お子さんのこの一年間はいかがでしたか？　新たな気持ちでまた来年も元気に過ごしたいですね。

P157_01

春分の日

3月21日頃は春分の日。昼と夜の長さがほぼ同じになる日この日から、昼間の時間が長くなり暖かくなってきます。桜の花のつぼみも膨らみ始め、春の気配を感じるようになります。お子さんも、小学校や進級が待っています。風邪を引かずに春休みまで過ごしたいですね。

P157_04

🎀 啓蟄

P157_02

春分の日の前の15日間を啓蟄（けいちつ）と言います。啓は「ひらく」、蟄（ちつ）は「土中で冬ごもりしている虫」のことで、冬眠していた虫が暖かい春の訪れを感じ、穴から出てくるという意味があります。子どもたちも、新しい春に向かって新しいを一歩踏み出す時期ですね。

P157_03

啓蟄（けいちつ）とは春分の日の前の15日間を言います。啓は「ひらく」、蟄（ちつ）は「土中で冬ごもりしている虫」のこと。冬ごもりをしていた虫たちが土から出てくる時期のことで、だんだん暖かくなり春の気配を感じる言葉です。

🎀 春分の日

P157_05

春分の日は3月21日頃の祝日。昼と夜の長さがほぼ同じになります。年によって日付が変わるのは、少しずつカレンダーの日付と地球の動きがずれるからです（うるう年はずれを修正する日）。秋分の日も同じ理由で9月21日前後になります。

P157_06

3月21日頃は春分の日。前後の1週間は春のお彼岸で、春分の日はお彼岸の中日です。お墓参りに行かれるご家庭も多いのでは。彼岸にお供えする、ぼた餅やおはぎ。ほぼ同じものですが、ぼたもち（牡丹餅）かは牡丹の咲く春に、おはぎは萩が咲く秋に食べられます。

P157_07　　P157_08　　P157_09　　P157_10

P157_11　　P157_12　　P157_13　　P157_14

3月 みつばちの日、パンダの日、お遊戯会の様子

3月 みつばちの日、パンダの日、お遊戯会の様子

3月8日はみつばちの日。みつばちというとハチミツを思い浮かべますが、それ以外にも恵みがあります。たとえば、ローヤルゼリー。プロポリスや蜂の子などもありますね。また、野菜や果実の交配にも利用されています。食生活にたくさん貢献しているのですね。

みつばちの日

P158_01

パンダの日

3月11日はパンダの日です。西洋人がジャイアント・パンダを発見した日なので、ホントは「パンダ発見の日」ですね。1869年にフランス人が発見したそうです。

P158_04

🎀 みつばちの日

P158_02

3（ミツ）月8（ハチ）日はみつばちの日。ハチミツは、みつばちが花から巣に運んだものです。では、1匹のみつばちはどれぐらいの量のハチミツを集めるでしょうか。実はティースプーン1杯程度と言われています。ハチミツは、みつばちが一生懸命運んでくれた自然の恵みなのですね。

P158_03

3月8日は、みつばちの日。ハチミツを集めてくれる益虫の代表格。みつばちはおとなしい性格なのでめったに刺しません。ただしみつばちから攻撃してくるときは危険信号。刺激せずに距離を取ってください。巣を作った場合は、自治体や業者に相談することをおすすめします。

🎀 パンダの日

P158_05

3月11日はパンダの日です。日本に初めてパンダが来たのは1972年10月28日。この日も上野動物園がパンダの日に制定しています。

P158_06

3月11日はパンダの日です。上野動物園以外に、パンダのいる動物園をご存じですか？　兵庫県の神戸市立王子動物園、和歌山県のアドベンチャーワールドでも見られます。

🎀 お遊戯会の様子

P158_07

先日はお忙しい中、お遊戯会にお越しいただき、ありがとうございました。子どもたちはご家族の皆様に見ていただくことを、とても楽しみにしていました。

P158_08

お遊戯会では、はじめの練習では恥ずかしさから動きも小さかったのですが、練習を重ねる中で自然と大きな動きとなり、本番では堂々と表現することができました。子どもたちの成長を感じていただけたのではないでしょうか。

P158_09

頑張ったお遊戯会では、子どもたちも達成感を覚えることができたようです。またひとつの行事を経験し、たくましく成長することができました。

P158_10

風邪やインフルエンザで欠席するお子さんも多く、お遊戯会は思うように練習が進みませんでしたが、当日は元気いっぱい発表することができ、安心しました。子どもたちのかわいい笑顔や、堂々と発表する姿に成長を感じ、感動しました。

P158_11

お遊戯会の練習が大好きな子どもたち。本番を終えても、「もっと練習したい！」「お遊戯会の音楽をかけて！」と、子どもたちだけで練習している姿が見られ、ほほえましいです。

3月 春休み、終業式（修了式）

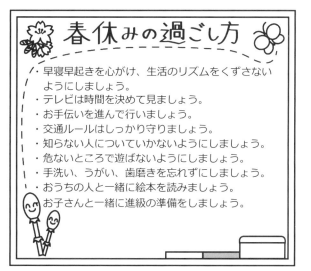

春休みの過ごし方

- ・早寝早起きを心がけ、生活のリズムをくずさない ようにしましょう。
- ・テレビは時間を決めて見ましょう。
- ・お手伝いを進んで行いましょう。
- ・交通ルールはしっかり守りましょう。
- ・知らない人についていかないようにしましょう。
- ・危ないところで遊ばないようにしましょう。
- ・手洗い、うがい、歯磨きを忘れずにしましょう。
- ・おうちの人と一緒に絵本を読みましょう。
- ・お子さんと一緒に進級の準備をしましょう。

P159_01

✿ 春休み

P159_02

修了式が終わると、春休みになります。登園はありませんが、規則正しい生活をするように心がけてください。暖かくなりお子さんは外遊びしたいと思いますが、一人で外出させないようにしてください。引っ越しなど人の出入りが多いので、交通安全にも注意してください。

P159_03

春休みになります。年度替わりで帰省などお出かけする機会も多いと思います。お子さんが迷子にならないように、必ず手をつなぐなどしてください。4月に入ったら、持ち物の確認や名前の記入など、進級の準備もお願いします。新学期には、笑顔で会えることを楽しみにしています。

修了式のお知らせ

　3月○日　○時～○時に、今年度の修了式を行います。
　保護者の方は、○時に当園ホールにお集まりください。スリッパをご持参くださるようお願いします。
　　　　修了証の授与、皆勤賞の表彰などを予定しています。

P159_04

✿ 終業式（修了式）

P159_05

3月○日に、今年度の修了式を行います。子どもたちは、この一年で驚くほど成長しました。4月からは新しいおともだちや、年少さんが入ってきます。いいお兄さん、お姉さんになってくれると思います。また、この日で○○先生が当園を去ることになります。最後まで楽しく過ごしたいと思います。

P159_06

3月○日に今年度の修了式を行います。これで今年度の日程は終了です。1年で大きくなった子どもたち。みんな自信を持ったいい顔になりました。保護者の皆様ありがとうございました。4月からは学年が1つ上がります。笑顔で会えることを楽しみにしています。

3月

春休み、終業式（修了式）

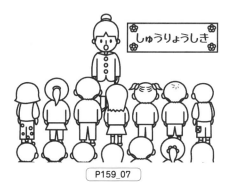

P159_07

P159_08

こちらも参照ください

P.184：「卒園式のお知らせテンプレート」
P.185：「卒園式のおたより文例・イラスト」

お知らせ

入園式のお知らせ・式次第テンプレート

サンプル❶

ご案内と、当日の予定を分ける場合、ご案内は日時と場所を明確にお伝えします。
当日の予定は、両面印刷を使い、ふたつ折りにするとコンパクトにまとまります。

令和○年○月○日

保護者各位

○○○幼稚園
園長 ○○○○○

入園式のご案内

ひと雨ごとに暖かくなり、春を感じる季節となりました。この度は、お子様のご入園誠におめでとうございます。
つきましては、入園式を下記の通り挙行いたしますので、ご案内申しあげます。
職員一同、皆様にお会いできることを楽しみにしております。

記

日時：令和○年○月○日　午前○時〜午後○時
　　　○時に開場予定です。

場所：○○○幼稚園　ホール

● 保護者の方はホールにてお待ちください。
● スリッパは各自でご用意ください。
● 園内は禁煙です。
● 当日は、入園のお祝いの式だけとなり、終了後は降園となります。翌日から半日保育となります。
● 当園には駐車場がありませんので、お車でのご来場はお控えください。お車でのご来場の際は、近くの市営駐車場（有料）をご利用ください。
● 自転車でお越しの際は、園庭に駐輪をお願いします。

以上

P160_01

開場地図

○○ようちえん

入園式

令和○年○月○日（○曜日）
午前○時○分〜午後○時○分（予定）

場所：○○幼稚園　第一ホール

お願い

・ 当園には駐車場がありません。近くの駐車場を利用してください。路上駐車は禁止です。また、園前の○○の駐車場の利用は絶対にしないでください。
・ お席は前から順にお座りください。廊下は園児の通路となるので、立ち見はご遠慮ください。
・ 会場内での携帯電話の使用やゲーム機の使用は禁止させていただきます。
・ 保護者様も、上履きと下足袋をご持参ください。

P160_02　（表面）

ご入園おめでとうございます。保護者の皆様にも、心よりお祝いを申し上げます。
　明日から新しいおともだちとともに、いろいろなことを学んでいきます。
　遊具で遊んだり、みんなで歌を歌ったり、運動会や遠足といった行事を通して、たくさんの思い出を作っていきましょう。

式次第

1. 園児入場
2. 開会のあいさつ
3. 園長のあいさつ
4. 来賓のあいさつ
5. 職員紹介
6. 園歌
7. 閉会のあいさつ

＊閉会のあと、記念撮影をします。

P160_02　（裏面）

サンプル❷

ご案内と当日の予定を1枚にまとめたテンプレートです。

令和○年度　入園式のご案内

　ご入園おめでとうございます。保護者の皆様にも、心よりお祝いを申し上げます。
　明日から新しいおともだちとともに、いろいろなことを学んでいきます。遊具で遊んだり、みんなで歌を歌ったり、運動会や遠足といった行事を通して、たくさんの思い出を作っていきましょう。

日時：○月○日（○）　○時〜○時
場所：○○幼稚園　○○ホール

式次第

1. 園児入場
2. 開会のあいさつ
3. 園長のあいさつ
4. 来賓のあいさつ
5. 職員紹介
6. 園歌
7. 閉会のあいさつ

＊閉会のあと、記念撮影をします。

● 保護者の方はホールにてお待ちください。
● スリッパは各自でご用意ください。
● 園内は禁煙です。
● 当日は、入園のお祝いの式だけとなり、終了後は降園となります。翌日から半日保育となります。
● 当園には駐車場がありませんので、お車でのご来場はお控えください。お車でのご来場の際は、近くの市営駐車場（有料）をご利用ください。
● 自転車でお越しの際は、園庭に駐輪をお願いします。

P160_03

ポイント❶

プログラムのように、行数などもボリュームが変わることが多い内容は、テキストボックスを使って本文とは別にしておくと使いやすいです。

気をつけること

開催する日時と場所がわかるようにしましょう。
全体の所要時間がわかると保護者の予定も立てやすくなります。
会場での駐車場の有無、履物の持参依頼など、来場時の注意も忘れずに書きましょう。

入園式のおたより文例・イラスト

 入園おめでとう

　初めての園生活、新しいことばかりで戸惑うことも多いと思いますが、子どもたちが楽しい毎日を過ごせるように、職員全員でサポートしていきます。
　これから、よろしくお願いします。

P161_01

 入園おめでとう

P161_02

保護者の皆様も期待と不安があることと思いますが、子どもたちの園生活が楽しい経験となり、健やかに成長していくよう、職員全員で見守っていきたいと思います。これから、よろしくお願いします。

P161_03

園生活は、初めての集団生活です。子どもたちも慣れるまで不安になることもあるかと思いますが、毎日楽しく登園できるように、子どもたちを笑顔で迎え、職員一同努力していきます。

P161_04

P161_05

P161_06

P161_07

P161_08

P161_09

P161_10

おめでとう

P161_11

P161_12

P161_13

P161_14

P161_15

P161_16

P161_17

保健だよりテンプレート

サンプル❶

ポイント1

季節ごとの話題をイラスト付きで入れるといいでしょう。

ほけんだより

〇〇ようちえん
20XX 年〇月〇日発行

インフルエンザの流行する季節です。インフルエンザにかからないよう、マスクを使うことをおすすめします。マスクはウイルスの侵入を防ぐだけでなく、ほかの人へのウイルスの拡散を防ぐのに役立ちます。また、マスクだけではウイルスを 100%防ぐことはできないので、手洗いを併せて行うことが有効です。

～新型ウイルス感染拡大防止対策について～

新型ウイルスの感染を防ぐには、日常生活で手洗いなどを徹底することが必要です。正しい予防知識を身につけ、ルールを守って新型ウイルスに感染しないように気をつけましょう。

感染を防ぎ、新たな日常を生きるために

1.密集・密接・密室を避ける
2.安全な距離を保つ
3.こまめに手を洗う
4.室内換気と咳エチケット
5.接触確認アプリをインストール

インフルエンザ・ワクチンの接種を

日本では、毎年 12 月～3 月がインフルエンザの流行期にあたります。インフルエンザ・ワクチンは接種後、効果が現れるのに約 2 週間かかります。10～11 月は、ワクチンの接種にもっとも適した時期と言えるでしょう。

緊急時の連絡について

お子さんの体調が悪いとき、ご登録いただいた携帯電話に連絡いたします。連絡があった場合は、早めのお迎えをお願いします。機種変更等で、電話番号や連絡先が変更になった場合はお知らせください。

なぜ擦り傷が多いの？

子どもの視野は大人に比べて狭いこと、また大人のように力加減がわかりません。そのため、よく転んだりして擦り傷を作ります。子どもはよく転ぶと思って目配りしてください。散歩に出かけたときなど、子どもが急に走りだしたり、慌てて走ったりしないよう、心がけてください。

また、擦り傷や切り傷ができても、不衛生な環境で傷ができた場合を除き消毒しないのが一般的です。水道水で、傷口とその周りをよく洗ったあと、清潔なタオルなどでふき取り、傷口を完全に覆うように傷絆創膏を貼ります。絆創膏も皮膚保護剤を含む製品もあります。傷がきれいに治りやすくなりますので、使ってみるといいでしょう。

P162_01

ポイント2

重要なことは、大きくハッキリと簡潔に書きましょう。

お知らせ

保健だよりのおたより文例・イラスト ❶

体調が悪いとき

　高い熱があるなど体調が悪いときは、無理せずにお休みさせてください。楽しい行事があるときなどは、お子さんは登園したがると思いますが、体調を優先してください。心配なときはかかりつけのお医者様に診察してもらってください。

P163_01

❀ 体調が悪いとき

P163_02

子どもの発熱はよくあることなので、ふだんから体温を測り平熱を把握しておくといいでしょう。また、朝は低く夕方に少し上がるのが一般的。朝、午後、夜など、時間帯ごとに熱を測り、時間帯ごとの平熱を把握しておくといいでしょう。

P163_03

体調が悪いときの食事は、消化の良いものを選択しましょう。揚げ物などの油の多いものや、食物繊維の多い食品は避け、しっかり水分補給をしてください。水やお茶、スポーツ飲料、ゼリー飲料などをこまめに分けて取るようするといいでしょう。

P163_04

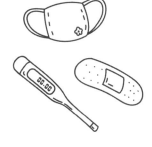

P163_05

P163_06

P163_07

P163_08

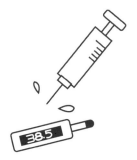

P163_09

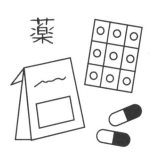

P163_10

P163_11

P163_12

P163_13

P163_14

👉 こちらも参照ください

P.066：「健康診断、わかめの日、看護の日、憲法
　　　　記念日、八十八夜」
P.076：「歯科検診と虫歯予防、歯と口の健康週間」
P.124：「冬の健康対策、バスの乗降について」

保健だよりのおたより文例・イラスト ❷

感染予防について

○○○○○○が流行しています。

手洗い、うがい、マスクの着用をお願いいたします。

P164_01

🎀 感染予防について

P164_02

○○の感染を予防するために、登園時にマスクの着用をお願いします。また入り口での検温、アルコールでの消毒を実施しますので、お手数ですが、ご協力をお願いします。

P164_03

○○の感染予防として、外出時にはマスクを着用してください。またこまめに、石けんでの手洗いやアルコールでの消毒をするようにお願いします。感染状況によっては、外出を控えるようにお願いします。

P164_04

P164_05

P164_06

P164_07

P164_08

P164_09

P164_10

P164_11

P164_12

P164_13

P164_14

P164_15

保健だよりのおたより文例・イラスト ❸

手洗い、うがいについて

当園では、外から帰ったら必ず手洗い・うがいをするよう習慣づけています。ご家庭でも、子どもたち自ら手洗い・うがいができるよう促してください。

P165_01

もしかして花粉症？

子どもの花粉症が増えています。子どもは自分の症状をしっかり伝えることが難しいので、ご家庭での注意が必要となります。

熱がないのにくしゃみや鼻水が止まらない場合は、耳鼻科での診断をおすすめします。

P165_04

手洗い、うがいについて

P165_02
帰宅したあとは、手洗い、うがいをすることを習慣にしましょう。洗い残しが多くなる手指の間や、爪の間、手の甲、手首なども時間をかけてしっかりと洗うようにしてください。手洗いは、食事、排泄後にも行うようにしてください。

P165_03
手洗い、うがいは、風邪やインフルエンザの予防に効果的です。流行する秋から冬だけでなく、常日頃からの習慣にするといいでしょう。慣れるまでは、帰宅後はお子さんと一緒に手洗いとうがいをして、子どもたちがすすんでできるようにするといいでしょう。

もしかして花粉症

P165_05
子どもの花粉症が増えてきています。子どもは自分の症状をうまく伝えられません。保護者が気づいてあげることが重要です。子どもの花粉症発症を見逃さず、早めに対処をしてあげましょう。

P165_06
子どもの花粉症は、くしゃみよりも鼻づまりが多いようです。お子さんが口を開けていることが多いときは、鼻づまりで息がしづらくなっています。花粉症かなと思ったら、耳鼻咽喉科の診察を受けてください。

P165_07

P165_08

P165_09

P165_10

P165_11

P165_12

P165_13

P165_14

給食だよりテンプレート

サンプル❶

1カ月の献立を入力できるテンプレートです。月曜から土曜日まで4週分の表となっています。

ポイント1

月別タイトルは、各月ごとのページに掲載しています。

12月のこんだて

○○保育園　○月○日 発行

給食中は食事のマナーを守り、さまざまな食材に興味をもてるよう配慮しています。
ご家庭での食事の際もお子さんたちが育ててきた野菜や、絵本の中に登場する食材の話などしてみるといいかもしれません。

日	曜	副食	おやつ	未満児追加	備考
1	月	ご飯、魚の甘煮 彩りサラダ さつま汁　メロン	牛乳 クラッカー ゼリー	ごはん 牛乳 ヨーグルト	
2	火	魚の甘煮 彩りサラダ さつま汁　メロン			
3	水	魚の甘煮 彩りサラダ さつま汁　メロン			
4	木	魚の甘煮 彩りサラダ さつま汁　メロン			
5	金	魚の甘煮 彩りサラダ さつま汁　メロン			
6	土	魚の甘煮 彩りサラダ さつま汁　メロン			
8	月	魚の甘煮 彩りサラダ さつま汁　メロン	牛乳 クラッカー ゼリー	ごはん 牛乳 ヨーグルト	
9	火	魚の甘煮 彩りサラダ さつま汁　メロン			
10	水	魚の甘煮 彩りサラダ さつま汁　メロン			
11	木	魚の甘煮 彩りサラダ さつま汁　メロン			
12	金	魚の甘煮 彩りサラダ さつま汁　メロン			
13	土	魚の甘煮 彩りサラダ さつま汁　メロン			

日	曜	副食	おやつ	未満児追加	備考
15	月	ご飯、魚の甘煮 彩りサラダ さつま汁　メロン	牛乳 クラッカー ゼリー	ごはん 牛乳 ヨーグルト	
16	火	魚の甘煮 彩りサラダ さつま汁　メロン			
17	水	魚の甘煮 彩りサラダ さつま汁　メロン			
18	木	魚の甘煮 彩りサラダ さつま汁　メロン			
19	金	魚の甘煮 彩りサラダ さつま汁　メロン			
20	土	魚の甘煮 彩りサラダ さつま汁　メロン			
22	月	魚の甘煮 彩りサラダ さつま汁　メロン	牛乳 クラッカー ゼリー	ごはん 牛乳 ヨーグルト	
23	火	魚の甘煮 彩りサラダ さつま汁　メロン			
24	水	魚の甘煮 彩りサラダ さつま汁　メロン			
25	木	魚の甘煮 彩りサラダ さつま汁　メロン			
26	金	魚の甘煮 彩りサラダ さつま汁　メロン			
27	土	魚の甘煮 彩りサラダ さつま汁　メロン			

P166_01

ポイント2

項目が足りない場合は、列を増やして対応してください。

ポイント3

保護者にお願いしたいことや、注意点などを季節ごとに伝えましょう。

サンプル❷

給食だよりのテンプレートです。

給食だより

○○ようちえん
20XX 年○月○日発行

ご入園、ご進級おめでとうございます。

　暖かさも増し、木々の緑や鮮やかな花の色がきれいな季節になり、新しいおともだちを迎えて新年度がスタートしました。

　新しい環境になかなか慣れないお子さんも多いと思いますが、食事の時間は楽しく過ごしていただけるよう、給食担当も献立などに気を遣って参ります。楽しく食べて、楽しい園生活を送るようにしましょう。

献立の変更に対応します

　お子さんがアレルギーをお持ちの場合は、給食担当までお伝えください。できるだけ対応させていただきます。

食事は生活していく上で欠かせないものです。
お子さんの食事でご心配なことや、アレルギーなどの伝えておくことがある場合は、給食担当の○○までご連絡ください。

朝ご飯をしっかり食べよう

　新年度の朝はとにかく忙しいもの。パパもママも時間に追われてしまいます。でも、しっかり朝ご飯を食べる習慣を身につけてください。朝ご飯は、その日の活動エネルギーの源となります。朝ご飯を食べないと、脳のエネルギーが不足します。そうすると、集中力がなくなり、イライラの元となります。集中力が欠けると、外遊びでのケガにもつながります。

　脳のエネルギーはブドウ糖です。しかしブドウ糖は、体内に貯めておけません。ですから、食事で補給する必要があります。

　ブドウ糖の元は、パンやご飯などの炭水化物です。パンやおにぎりの主食を中心に、朝ご飯をしっかり食べるようにしてください。

　また、バナナもエネルギー源として優れた食品です。手軽に食べられるので、食卓に用意しておくといいでしょう。

P166_02

お知らせ

給食だよりのイラスト

P167_01

P167_02

P167_03

P167_04

P167_05

P167_06

P167_07

P167_08

P167_09

P167_10

P167_11

P167_12

P167_13

P167_14

P167_15

P167_16

P167_17

P167_18

P167_19

P167_20

P167_21

P167_22

P167_23

P167_24

P167_25

こちらも参照ください

P.196：「野菜」、P.197：「果物」、P.198：「たべもの」

お知らせ

園外保育のお知らせテンプレート

サンプル❶

ポイント❶

イラストを入れて、遠足の楽しい雰囲気を出しましょう。

〇〇ようちえん
〇月〇日 発行

遠足のおしらせ

　暖かさも増し、木々の緑がまぶしくなり始めました。新しいクラスにも慣れた子どもたちは、おともだちと楽しそうに遊んでいます。
　このたび、当園では、〇〇〇にて園外保育を行うことを予定しています。
　下記をご確認いただき、出欠確認用紙（別途配布）をご記入の上、担任までお戻しいただくようお願い申し上げます。

目的地　〇〇〇公園
　　　　〒xxx-xxxx　〇〇市〇〇町 xx-xxx

日程　　〇月〇日（〇）
　　　　午前〇時　園庭集合
　　　　午前〇時　園出発
　　　　午前〇時　目的地到着
　　　　午前〇時　昼食（芝生広場でお弁当を食べます）
　　　　午前〇時　目的地出発
　　　　午前〇時　園到着
　　　　午前〇時　解散

※雨天の場合は、通常保育となり、〇月〇日（〇）に延期となります。延期となる場合は、当日の朝〇時までにお知らせします。

服装　　体操着上下、カラー帽子

持ち物　お弁当、水筒（お茶または水）、タオル、ハンカチ、ポケットティッシュ、敷物

お願い　★体調が悪い時には無理をさせないでください。
　　　　★欠席する場合には必ず当園または下記までご連絡ください。
　　　　★靴は、履きなれたものを履かせてください。
　　　　★園へのお迎えは〇時頃にお願いします。

緊急連絡先：xxx-xxxx-xxxx

P168_01

ポイント❷

緊急連絡先として、引率している先生につながる携帯電話の番号を記載しておきましょう。

気をつけること

集合日時と目的地がわかるようにしましょう。服装や持ち物などの当日気をつけることや、雨天時の予定、緊急連絡先も忘れずに書きましょう。

園外保育のおたより文例・イラスト

園外保育について

　　○月○日（　）に園外保育へ行きます。

　　行き先は○○○○○○です。

　　当日はお弁当、水筒、レジャーシートを忘れずにお子さんに持たせてください。

P169_01

遠足について

P169_02

遠足は○月○日○○を予定しています（雨天の場合は○○となります）。詳細は、別途お知らせします。

落とし物に注意

P169_03

遠足では、落とし物が多くなります。持ち物（特に靴や長靴）にはすべて名前を記入してください。

P169_04

P169_05

P169_06

P169_07

P169_08

P169_09

P169_10

P169_11

P169_12

P169_13

P169_14

P169_15

P169_16

運動会のお知らせテンプレート

サンプル❶

ご案内と、当日の予定を分ける場合、ご案内は日時と場所を明確にお伝えします。
当日の予定は、両面印刷を使い、ふたつ折りにするとコンパクトにまとまります。

保護者各位

令和〇年〇月〇日

〇〇〇幼稚園
園長　〇〇〇〇〇

運動会のご案内

夏の暑さも和らぎ過ごしやすい季節となりました。保護者の皆様におかれましては、ますますご清祥のこととお慶び申し上げます。
　さて、当園では、運動会を下記の通り開催いたします。
　つきましては、ご多忙とは存じますが、ご臨席を賜り、園児の激励してくださいますようご案内申し上げます。

記

日時：令和〇年〇月〇日(日曜日)　午前〇時～午後〇時
翌〇日は休園日となります。

予備日：〇月〇日(日曜日)　午前〇時～午後〇時

場所：〇〇〇幼稚園　園庭

- 園内は禁煙です。
- 当園には駐車場がありませんので、お車でのご来場はお控えください。
お車でのご来場の際は、近くの市営駐車場(有料)をご利用ください。

以上

P170_01

開場地図

〇〇ようちえん

うんどうかい

プログラム

令和〇年〇月〇日（〇曜日）
午前〇時〇分～午後〇時〇分（予定）

場所：〇〇幼稚園　園庭

お願い

- 当園には駐車場がありませんので、お車でのご来場はお控えください。
- お車でのご来場の際は、近くの市営駐車場（有料）をご利用ください。
- 園内は禁煙です、ご協力お願いします。喫煙されるかたは指定の喫煙所でお願いします。
- 教室には入らないでください。また、招集時以外は入退場門に入らないでください。

P170_02　（表面）

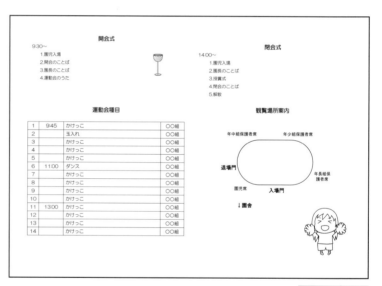

開会式

9:30～
1.園児入場
2.開会のことば
3.園長のことば
4.運動会のうた

閉会式

14:00～
1.園児入場
2.園長のことば
3.授賞式
4.閉会のことば
5.解散

運動会種目

1	9:45	かけっこ	〇〇組
2		玉入れ	〇〇組
3		かけっこ	〇〇組
4		かけっこ	〇〇組
5		かけっこ	〇〇組
6	11:00	ダンス	〇〇組
7		かけっこ	〇〇組
8		かけっこ	〇〇組
9		かけっこ	〇〇組
10		かけっこ	〇〇組
11	13:00	かけっこ	〇〇組
12		かけっこ	〇〇組
13		かけっこ	〇〇組
14		かけっこ	〇〇組

観覧場所案内

年中組保護者席　　年少組保護者席

退場門　　　　　　　　年長組保護者席

園児席　　入場門

↓園舎

P170_02　（裏面）

サンプル❷

ご案内と当日の予定を1枚にまとめたテンプレートです。

運動会プログラム

令和〇年〇月〇日（〇曜日）
午前〇時〇分～午後〇時〇分（予定）
〇〇幼稚園　園庭にて

開会式

1.園児入場
2.開会のことば
3.園長のことば
4.運動会のうた

1	かけっこ	〇〇組
2	かけっこ	〇〇組
3	かけっこ	〇〇組
4	かけっこ	〇〇組
5	かけっこ	〇〇組
6	かけっこ	〇〇組
7	かけっこ	〇〇組
8	かけっこ	〇〇組
9	かけっこ	〇〇組
10	かけっこ	〇〇組
11	かけっこ	〇〇組
12	かけっこ	〇〇組
13	かけっこ	〇〇組
14	かけっこ	〇〇組

閉会式

1.園児入場
2.園長のことば
3.授賞式
4.閉会のことば
5.解散

お願い

園内は禁煙です、ご協力お願いします。喫煙されるかたは指定の喫煙所でお願いします。
教室には入らないでください。また、招集時以外は入退場門に入らないでください。

P170_03

気をつけること

開催する日時と場所がわかるようにしましょう。
駐車場の有無など、来場時の注意も忘れずに書きましょう。

お知らせ

運動会のイラスト

P171_01

P171_02

P171_03

P171_04

P171_05

P171_06

P171_07

P171_08

P171_09

P171_10

P171_11

P171_15

P171_16

P171_12

P171_13

P171_14

P171_19

P171_20

P171_17

P171_18

P171_21

P171_22

P171_23

P171_24

こちらも参照ください

P.115：「運動会のお知らせ、スポーツの日」

お知らせ

お遊戯会のお知らせテンプレート

サンプル❶

ご案内と、プログラムを分ける場合のテンプレートです。プログラムは、両面印刷を使い、ふたつ折りにするとコンパクトにまとまります。

保護者各位　　　　　　　　　　　　　令和○年○月○日
　　　　　　　　　　　　　　　　　　○○○幼稚園
　　　　　　　　　　　　　　　　　　園長　○○○○○

お遊戯会のご案内

　晴天の続くここちよい季節となりました。保護者の皆様におかれましては、ますますご清祥のこととお慶び申し上げます。
　さて、当園では、お遊戯会を下記の通り開催いたします。
　つきましては、ご多忙とは存じますが、ご臨席を賜り、子どもたちの成長した姿をご覧いただければ幸いです。

記

日時：令和○年○月○日（日曜日）　午前○時～午後○時
　　　○時に開場予定です。
　　　至○日は休園日となります。

予備日：○月○日（日曜日）　午前○時～午後○時

場所：○○○幼稚園　ホール

● 保護者の方はホールにてお待ちください。
● スリッパ、下足袋は各自でご用意ください。
● 園内は禁煙です。
● 当園には駐車場がありませんので、お車でのご来場はお控えください。
　お車でのご来場の際は、近くの市営駐車場（有料）をご利用ください。

以上

P172_01

開場地図

○○ようちえん
おゆうぎかい
プログラム

令和○年○月○日（○曜日）
午前○時○分～午後○時○分（予定）

場所：○○幼稚園　第一ホール

お願い
・ 当園には駐車場がありません。近くの駐車場を利用してください。路上駐車は禁止です。また、園前の○○の駐車場の利用は絶対にしないでください。
・ お席は前から順にお座りください。廊下は園児の通路となるので、立ち見はご遠慮ください。
・ 会場内での携帯電話の使用やゲーム機の使用は禁止させていただきます。
・ 客席前に、ビデオカメラ席を設けます。当日、係員の指示に従ってください。
・ 保護者様も、上履きと下足袋をご持参ください。

P172_02　（表面）

第一部

開会の言葉：園長先生

	演目	組み
1：○時～○時	ももたろう	きりん
2：○時～○時		
3：○時～○時		
4：○時～○時		
5：○時～○時		
6：○時～○時		
7：○時～○時		
8：○時～○時		

第二部

	演目	組み
1：○時～○時	ももたろう	きりん
2：○時～○時		
3：○時～○時		
4：○時～○時		
5：○時～○時		
6：○時～○時		
7：○時～○時		
8：○時～○時		

閉会の言葉：園長先生

P172_02　（裏面）

サンプル❷

ご案内と当日の予定を1枚にまとめたテンプレートです。

気をつけること

開催する日時と場所がわかるようにしましょう。どのクラスが何時頃に演技するかがわかると、すべての遊戯をご覧になれない保護者にも便利です。
会場での駐車場の有無、履物の持参依頼など、来場時の注意も忘れずに書きましょう。

おゆうぎかい

　お遊戯会を下記の通り開催します。
　保護者の皆様にはご多忙と存じますが、お子様たちの成長を感じていただけると思いますので、ぜひご来場いただけるようご案内申し上げます。

日時：令和○年○月○日（○）　午前○時～午後○時
場所：○○幼稚園　第一ホール

プログラム

	演目	組み
1：○時～○時	ももたろう	きりん
2：○時～○時		
3：○時～○時		
4：○時～○時		
5：○時～○時		
6：○時～○時		
7：○時～○時		
8：○時～○時		

お願い
・ 当園には駐車場がありません。近くの駐車場を利用してください。路上駐車は禁止です。また、園前の○○の駐車場の利用は絶対にしないでください。
・ お席は前から順にお座りください。廊下は園児の通路となるので、立ち見はご遠慮ください。
・ 会場内での携帯電話の使用やゲーム機の使用は禁止させていただきます。
・ 客席前に、ビデオカメラ席を設けます。当日、係員の指示に従ってください。
・ 保護者様も、上履きと下足袋をご持参ください。

P172_03

お遊戯会のおたより文例・イラスト

お遊戯会について

〇月〇日（　）にお遊戯会を行います。
みんな、お遊戯会へ向けて役になりきって、表現する楽しさを味わっています。
当日、保護者の方に見ていただけるのを楽しみにして過ごしています。

見に来てね！

P173_01

❀ お遊戯会について

P173_02

〇月〇日（　）にお遊戯会を開催します。子どもたちは、お遊戯会へ向けて一生懸命練習しています。はじめは表現するのが恥ずかしそうでしたが、だんだん慣れてきたようで、今では役になりきって、練習するのが待ちきれないようです。当日は子どもたちの成長した姿をご覧いただければ幸いです。

P173_03

〇月〇日（　）のお遊戯会はいかがでしたか。子どもたちは、役になりきって表現する楽しさを味わうことができました。お遊戯会後も子どもたちから「もっとお遊戯会をしたい！」という声があがっています。保護者のみなさんに見ていただけてうれしかったようです。ご覧にいらしてくださったみなさん、ありがとうございました。

P173_04

P173_05

P173_06

P173_07

P173_08

P173_09

P173_10

P173_11

P173_12

P173_13

こちらも参照ください

P.149：「建国記念の日、ビスケットの日、お遊戯会、初午いなり」

うたの発表会のお知らせテンプレート

 **サンプル❶**

ご案内と、プログラムを分ける場合のテンプレートです。プログラムは、両面印刷を使い、ふたつ折りにするとコンパクトにまとまります。

保護者各位　　　　　　　　　　　　　令和〇年〇月〇日
　　　　　　　　　　　　　　　　　　〇〇〇幼稚園
　　　　　　　　　　　　　　　　　　園長　〇〇〇〇〇

うたの発表会のご案内

　日に日に寒さを感じる季節となりました。保護者の皆様におかれましては、ますますご清祥のこととお慶び申し上げます。
　さて、当園では、うたの発表会を下記の通り開催いたします。
　つきましては、ご多忙とは存じますが、ご臨席を賜り、お子様たちの練習の成果をご覧いただければ幸いです。

記

　日時：令和〇年〇月〇日（日曜日）　午前〇時～午後〇時
　　　　〇時に開場予定です。
　　　　翌〇日は休園日となります。

　　　　予備日：〇月〇日（日曜日）　午前〇時～午後〇時

　　　　場所：〇〇〇幼稚園　保育舎

- 保護者の方はホールにてお待ちください。
- スリッパ、下足袋は各自でご用意ください。
- 園内は禁煙です。
- 当園には駐車場がありませんので、お車でのご来場はお控えください。お車でのご来場の際は、近くの市営駐車場（有料）をご利用ください。

以上

P174_01

開場地図

お願い

- 当園には駐車場がありません。近くの駐車場を利用してください。路上駐車は禁止です。また、園前の〇〇の駐車場の利用は絶対にしないでください。
- お席は前から順にお座りください。廊下は園児の通路となるので、立ち見はご遠慮ください。
- 会場内での携帯電話の使用やゲーム機の使用は禁止させていただきます。
- 客席前に、ビデオカメラ席を設けます。当日、係員の指示に従ってください。
- 保護者様も、上履きと下足袋をご持参ください。

〇〇ようちえん

うたの発表会

プログラム

令和〇年〇月〇日（〇曜日）
午前〇時〇分～午後〇時〇分（予定）

場所：〇〇幼稚園　第一ホール

P174_02　（表面）

第一部

はじめの言葉：園長先生

	曲名	組み
1：〇時～〇時	〇〇〇〇〇〇〇〇〇〇	きりんぐみ
2：〇時～〇時	〇〇〇〇〇〇〇〇〇〇	ぞうぐみ
3：〇時～〇時	〇〇〇〇〇〇〇〇〇〇	ひつじぐみ
4：〇時～〇時	〇〇〇〇〇〇〇〇〇〇	うさぎぐみ
5：〇時～〇時	〇〇〇〇〇〇〇〇〇〇	ねずみぐみ
6：〇時～〇時	〇〇〇〇〇〇〇〇〇〇	ぱんだぐみ
7：〇時～〇時	〇〇〇〇〇〇〇〇〇〇	りすぐみ
8：〇時～〇時	〇〇〇〇〇〇〇〇〇〇	ひよこぐみ

第二部

	曲名	組み
1：〇時～〇時	〇〇〇〇〇〇〇〇〇〇	きりんぐみ
2：〇時～〇時	〇〇〇〇〇〇〇〇〇〇	ぞうぐみ
3：〇時～〇時	〇〇〇〇〇〇〇〇〇〇	ひつじぐみ
4：〇時～〇時	〇〇〇〇〇〇〇〇〇〇	うさぎぐみ
5：〇時～〇時	〇〇〇〇〇〇〇〇〇〇	ねずみぐみ
6：〇時～〇時	〇〇〇〇〇〇〇〇〇〇	ぱんだぐみ
7：〇時～〇時	〇〇〇〇〇〇〇〇〇〇	りすぐみ
8：〇時～〇時	〇〇〇〇〇〇〇〇〇〇	ひよこぐみ

おわりの言葉：園長先生

P174_02　（裏面）

 **サンプル❷**

プログラムをメインにしたシンプルなテンプレートです。

うたの発表会

令和〇年〇月〇日　午前〇時～午後〇時
〇〇ホール

　保護者の皆様、こんにちは。〇〇幼稚園恒例の、うたの発表会を開催します。お子様たちがこの1カ月、一生懸命に練習してきた成果をご家族おそろいで見にいらしてください。

プログラム

園長あいさつ
はじめのことば
第1部　9:30～
1.うた「〇〇〇〇〇〇〇〇〇」・・・・きりんぐみ
2.うた「〇〇〇〇〇〇〇〇〇」・・・・ぞうぐみ
3.うた「〇〇〇〇〇〇〇〇〇」・・・・ひつじぐみ
4.うた「〇〇〇〇〇〇〇〇〇」・・・・うさぎぐみ
第2部　11:00～
5.うた「〇〇〇〇〇〇〇〇〇」・・・・きりんぐみ
6.うた「〇〇〇〇〇〇〇〇〇」・・・・ぞうぐみ
7.うた「〇〇〇〇〇〇〇〇〇」・・・・ひつじぐみ
8.うた「〇〇〇〇〇〇〇〇〇」・・・・うさぎぐみ
おわりのことば

発表会の間は、携帯電話・スマートフォンの電源を切るか、マナーモードにしてくださるようお願いします。

P174_03

 気をつけること

　開催する日時と場所がわかるようにしましょう。プログラムには、クラスと演目の順番がわかるようにして、一日を通してご覧になれない保護者が、自分のお子様の出番がわかるようにするといいでしょう。
　会場での駐車場の有無、履物の持参依頼など、来場時の注意も忘れずに書きましょう。

うたの発表会のイラスト

P175_01

P175_02

P175_03

P175_04

P175_05

P175_06

P175_07

P175_08

P175_09

P175_10

P175_11

P175_12

P175_13

P175_14

P175_15

P175_16

P175_17

P175_18

P175_19

P175_20

お知らせ

作品展のお知らせテンプレート

サンプル❶

展示会場を入れたお知らせテンプレートです。タイトルを変更して、当日配布用の案内図としても利用できます。

ポイント❶

簡単でもいいので、会場図があるとわかりやすいです。

作品展のお知らせ

令和〇年〇月〇日（〇曜日）
午前〇時〇分～午後〇時〇分
当園にて開催

作品展では、子どもたちが入園してからこれまでに制作してきた作品を展示します。子どもたちの作品からは、制作を通してわくわくしたことや偶然からのひらめきなど、制作過程を楽しんでいることが伝わると思います。短い間ですが、お子さんの成長を感じ取れる力作揃いです。ご多忙とは思いますが、ご家族で来場し、ご覧いただけると幸いです。

子どもたちの成長の軌跡を、ご家族でぜひご覧ください。世界にひとつの作品です。

展示会場

1階

ぞうぐみ 作品展	きりんぐみ 作品展	ひつじぐみ 作品展	

2階

うさぎぐみ 作品展	りすぐみ 作品展	あひるぐみ 作品展	

P176_01

サンプル❷

ご案内のテンプレートです。
開催日時などをお伝えください。

P176_02

気をつけること

開催する日時と場所がわかるようにしましょう。
開催当日に、どのクラスの展示がどこにあるのかをわかるようにすると親切です。
会場での駐車場の有無、履物の持参依頼など、来場時の注意も忘れずに書きましょう。

作品展のおたより文例・イラスト

作品展について

　○月○日（　）に作品展を行います。当日は子どもたちが入園してから作った作品を展示します。

　ぜひご覧になり、お子さんの成長を感じてください。

P177_01

作品展について

P177_02

○月○日（　）に作品展を行います。子どもたちの4月からの力作を展示します。お子さんの成長を実感できると思いますので、ぜひご覧ください。

P177_03

作品展では、子どもたちが毎日の園生活の中で思い思いに表現した作品を展示します。お子さんの表現力、想像力の豊かさを実際に見ていただけるとうれしいです。ご家族で来場し、ご覧ください。

P177_04

P177_05

P177_06

P177_07

P177_08

P177_09

P177_10

P177_11

P177_12

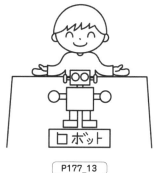

P177_13

P177_14

P177_15

お知らせ

保育参観のお知らせテンプレート

サンプル

ポイント**1**

日時と場所は太字にするなどして、明確にしましょう。

保育参観のお知らせ

〇月〇日に保育参観を行います。子どもたちは園生活に慣れ、おともだちと元気に遊んでいます。子どもたちの、ご家庭での姿とは違った様子を見ていただけると思います。ぜひ、ご覧ください。また、子どもたちと一緒にゲームをする時間もあります。

日時：令和〇年〇月〇日（〇）　〇時～〇時
場所：当園、各クラスの教室

当日の予定
9：30～　　〇〇〇〇〇〇〇〇〇〇
10：30～　〇〇〇〇〇〇〇〇〇〇
11：00～　〇〇〇〇〇〇〇〇〇〇

お願いと注意事項

- 参観中のビデオ、写真撮影はご遠慮ください。
- 保護者の方とご一緒にレクリエーションを行います。動きやすい服装でいらしてください。
- 上履き（スリッパ）と下足袋をご持参ください。
- 参観終了後に懇親会を開催します。ぜひご参加ください。

P178_01

ポイント**2**

飾り罫を使って伝達する内容を区分すると、見やすいだけでなくわかりやすくなります。

気をつけること

開催する日時と場所がわかるようにしましょう。
履物の持参依頼など、来場時の注意も忘れずに書きましょう。

保育参観のおたより文例・イラスト

保育参観について

　○月○日（　）は○○組の保育参観を行います。

　普段の園生活の様子をご覧いただき、その後は親子レクを企画しています。子どもたちも当日を楽しみにしています。動きやすい服装でご参加ください。

P179_01

🎀 保育参観

P179_02

下記の要領で保育参観を実施します。お子さんの○○園での遊びや生活の様子をご覧ください。終了後に懇談会も予定しています。

　○月○日（○）保育参観　　○○：○○〜○○：○○
　　　　　　　懇談会　　　　○○：○○〜○○：○○

P179_03

○月○日に保育参観を行います。子どもたちは園生活に慣れおともだちと元気に遊んでいます。ご家庭での姿と違った様子を見ていただけると思います。子どもたちと一緒にゲームをする時間もあります。

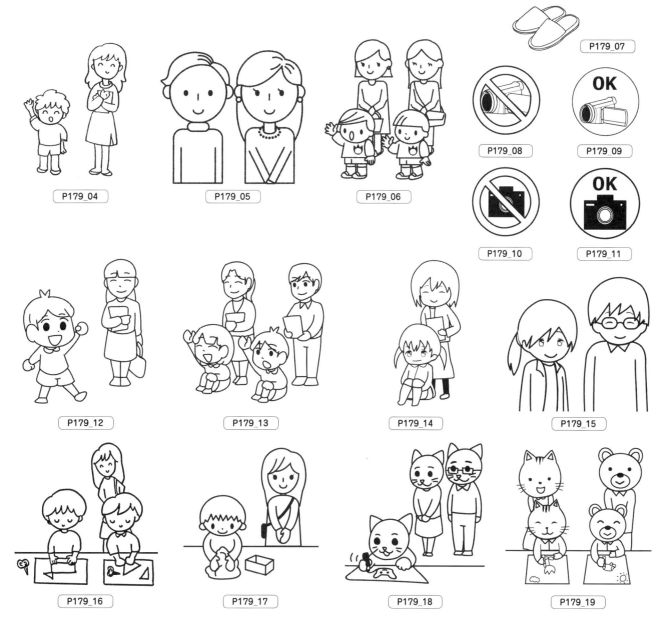

P179_04

P179_05

P179_06

P179_07

P179_08

P179_09

P179_10

P179_11

P179_12

P179_13

P179_14

P179_15

P179_16

P179_17

P179_18

P179_19

お知らせ

お泊まり保育のお知らせテンプレート

サンプル❶

参加申込書付きのテンプレートです。
全員参加の場合は、削除してご利用ください。

ポイント❶

持ち物の先頭に□を付けることで、用意したか
をチェックできるようにしましょう。

お泊まり保育のお知らせ

　○月○日～○日にかけて、お泊まり保育を実施します。いつも一緒にいるご家族と離れることは寂しいと思いますが、仲良しのおともだちと過ごす２日間は、子どもたちにとって楽しい経験と思い出になるでしょう。

日　時：令和○年○月○日　午前○時～○日午後○時
場　所：○○幼稚園
持ち物：
　　□着替え１組　　　□パジャマ　　　　□バスタオル
　　□タオルケット　　□ハンカチ　　　　□帽子
　　□スモック　　　　□歯ブラシコップ　□プールバック
　　　　※持ち物には必ず記名をしてください。

費用：3,000円（税込み）　※当日お持ちください。

　参加をご希望される場合は、下記申込書を切り取り、クラス名と氏名を記入の上、○月○日までに担任にお渡しください。
　そのほか、相談しておきたいことなどありましたら、○○園に連絡ください。よろしくお願いいたします。

- -

お泊まり保育申し込み

クラス：

氏　名：
_____

参加します

日程

1日目	
9：00	集合
10：00	○○○○○○○○
11：00	○○○○○○○○
12：00	○○○○○○○○
13：00	○○○○○○○○
17：00	○○○○○○○○
19：00	○○○○○○○○
21：00	○○○○○○○○

2日目	
7：00	起床
8：00	○○○○○○○○
10：00	○○○○○○○○
12：00	○○○○○○○○
13：00	○○○○○○○○
14：00	解散

期間中の連絡先：　000-0000-0000（園）
　　　　　　　　　000-0000-0000（担当者）

P180_01

ポイント❷

自由参加の場合、切り取り線付きの申込書をつけることで、申し込みを忘れないようにします。
全員参加の場合は、削除してください。

気をつけること

開催する日時と場所がわかるようにしましょう。
持ち物がある場合は、忘れないようにわかりやすく書いてください。当日の予定や、緊急連絡先も忘れずに書きましょう。

お泊まり保育のおたより文例・イラスト

お泊まり保育について

○月○日（　）にお泊まり保育を行います。

子どもたちが楽しみにしているお泊まり保育ですが、初めて親御さんの元を離れてお泊まりするお子さんも多いと思います。心配なことや事前に知らせておきたいことがありましたら、いつでもご相談ください。

P181_01

 お泊まり保育

P181_02

子どもたちは、お泊まり保育を楽しみにいています。初めて一人で泊まることに不安もあると思いますが、子どもたちが自立する第一歩になると思いますので、ご家庭でもお泊まり保育を楽しみに過ごせるよう、お声かけください。

P181_03

○月○日（　）～○日（　）に子どもたちが楽しみにしているお泊まり保育を下記の通り行います。親元を離れてお泊まりするのは初めてというお子さんも多いです。心配なこと、事前に知らせておきたいこと、いつでもご相談いただければと思います。

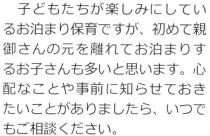

P181_04

P181_05

P181_06

P181_07

P181_08

P181_09

P181_10

P181_11

P181_12

P181_14

P181_13

クリスマス会のお知らせテンプレート

サンプル❶

開催日時、場所は必ず明記しましょう。
カットを使って、楽しい雰囲気を出しましょう。

クリスマス会の案内

保護者の皆様

　12月〇日、当園ホールにてクリスマス会を開催します。子どもたちはクリスマスを迎えることを心待ちにしています。子どもたちも、元気にクリスマスの歌を歌います。ぜひご参加ください。短い時間ですが、楽しい時間を一緒に過ごしましょう。

日時：令和〇年 12 月〇日　午後〇時〜〇時

場所：当園　ホール

プログラム

1. はじめの言葉
2. 〇〇〇〇〇〇〇
3. 〇〇〇〇〇〇〇
4. 〇〇〇〇〇〇〇
5. 〇〇〇〇〇〇〇
6. 〇〇〇〇〇〇〇

 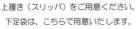

お願い
上履き（スリッパ）をご用意ください。
下足袋は、こちらで用意いたします。

P182_01

ポイント2

プログラムのように、行数などもボリュームが変わることが多い内容は、テキストボックスを使って本文とは別にしておくと使いやすいです。

気をつけること

開催する日時と場所がわかるようにしましょう。
履物の持参依頼など、来場時の注意も忘れずに書きましょう。

クリスマス会のおたより文例・イラスト

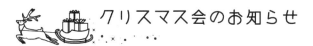

クリスマス会のお知らせ

　　○月○日（　）はクリスマス会を行います。

　　詳細は別途お知らせします。

　　子どもたちと楽しいクリスマスが送れますように。

P183_01

クリスマス会

P183_02

○月○日（　）に、園にてクリスマス会を行います。

○○：○○〜○○：○○

子どもたちと一緒にクリスマスツリーの飾り付けをしました。出し物も用意しているので、ぜひご参加ください。

P183_03

12月○日、当園ホールにてクリスマス会を開催します。子どもたちもクリスマス会を楽しみにしています。クリスマスツリーには、子どもたちの制作したリースや長靴も飾り付けしました。出し物やクリスマスの歌を披露する予定です。ご参加いただき、楽しい時間を一緒に過ごせれば幸いです。

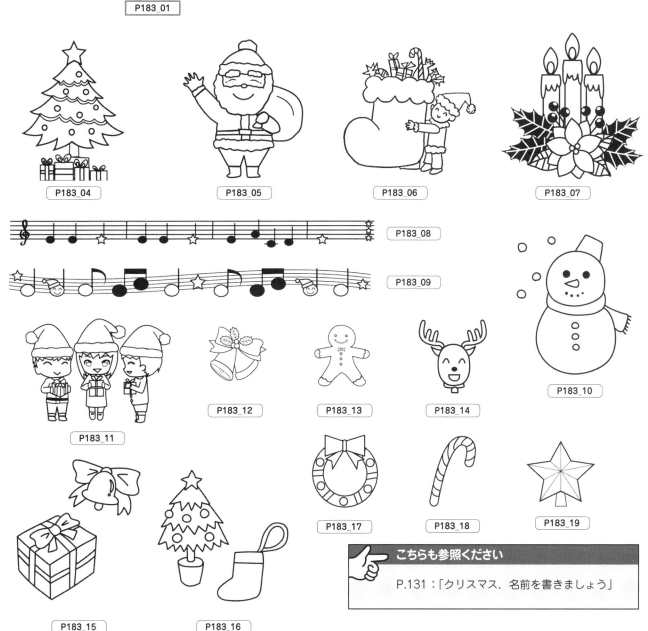

P183_04

P183_05

P183_06

P183_07

P183_08

P183_09

P183_10

P183_11

P183_12

P183_13

P183_14

P183_15

P183_16

P183_17

P183_18

P183_19

こちらも参照ください

P.131：「クリスマス、名前を書きましょう」

お知らせ

卒園式のお知らせテンプレート

サンプル❶

ご案内と、当日の予定を分ける場合、ご案内は日時と場所を明確にお伝えします。
当日の予定は、両面印刷を使い、ふたつ折りにするとコンパクトにまとまります。

令和〇年〇月〇日

保護者各位

〇〇〇幼稚園
園長 〇〇〇〇〇

卒園式のご案内

一日一日と、春の暖かさを感じられるようになって来ました。保護者の皆様方におかれましてはご健勝のこととお慶び申し上げます。
入園から今日までお子様達と楽しい時間を過ごしてきましたが、残すところあとわずかとなりました。
当園での最後の行事であります卒園式を下記の通り執り行いますので、ご案内申し上げます。

記

日時：令和〇年〇月〇日　午前〇時〜午後〇時
〇時に開場予定です。

場所：〇〇〇幼稚園　ホール

- 保護者の方はホールにてお待ちください。
- スリッパ、下足袋は各自でご用意ください。
- 園内は禁煙です。
- アルバムや卒園証書、記念品等を入れる手提げ袋をご持参ください。
- 当園には駐車場がありませんので、お車でのご来場はお控えください。
- 自転車でお越しの際は、園庭に駐輪をお願いします。

以上

P184_01

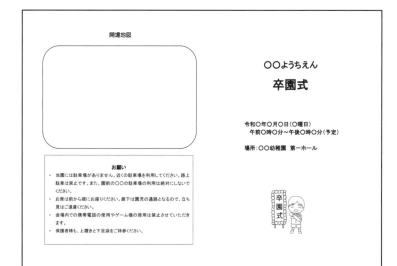

開場地図

〇〇ようちえん

卒園式

令和〇年〇月〇日（曜日）
午前〇時〇分〜午後〇時〇分（予定）

場所：〇〇幼稚園　第一ホール

お願い
- 当園には駐車場がありません。近くの駐車場を利用してください。路上駐車は禁止です。また、園前の〇〇の駐車場の利用は絶対にしないでください。
- お席は前から順にお座りください。廊下は園児の通路となるので、立ち見はご遠慮ください。
- 会場内での携帯電話の使用やゲーム機の使用は禁止させていただきます。
- 保護者様も、上履きと下足袋をご持参ください。

P184_02　（表面）

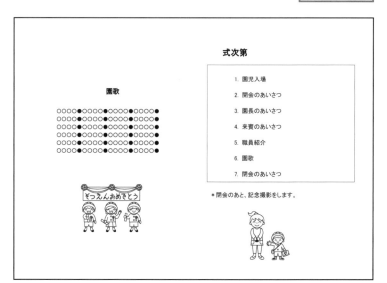

式次第

園歌

1. 園児入場
2. 開会のあいさつ
3. 園長のあいさつ
4. 来賓のあいさつ
5. 職員紹介
6. 園歌
7. 閉会のあいさつ

＊閉会のあと、記念撮影をします。

P184_02　（裏面）

サンプル❷

ご案内と当日の予定を1枚にまとめたテンプレートです。

気をつけること

開催する日時と場所がわかるようにしましょう。全体の所要時間がわかると保護者の予定も立てやすくなります。
会場での駐車場の有無、履物の持参依頼など、来場時の注意も忘れずに書きましょう。

令和〇年〇月〇日

保護者各位

〇〇〇幼稚園
園長 〇〇〇〇〇

卒園式のご案内

一日一日、春の暖かさを感じられるようになって来ました。保護者の皆様方におかれましてはご健勝のこととお慶び申し上げます。
入園から今日までお子様達と楽しい時間を過ごしてきましたが、残すところあとわずかとなりました。
当園での最後の行事であります卒園式を下記の通り執り行いますので、ご案内申し上げます。

日時：令和〇年〇月〇日　午前〇時〜午後〇時
場所：〇〇〇幼稚園　ホール

- 保護者の方はホールにてお待ちください。
- スリッパは各自でご用意ください。
- アルバムや卒園証書、記念品を入れる手提げ袋をご持参ください。
- 駐車場がありませんので、お車でのご来場はお控えください。
- 自転車は園庭での駐輪をお願いします。

式次第

1. 園児入場
2. 開会のあいさつ
3. 園長のあいさつ
4. 来賓のあいさつ
5. 職員紹介
6. 園歌
7. 閉会のあいさつ

P184_03

卒園式のおたより文例・イラスト

卒園に向けて

梅の花も少しずつ咲き、暖かい春もすぐそこまで近づいてきているようです。

年長さんとはお別れの日が迫ってきています。保育の中でも小学校への進学にわくわくしながら生活する姿が見られます。残り少ない日々をおともだちと仲良く過ごしてほしいと思います。

P185_01

卒園に向けて

P185_02

日ごとに暖かさを感じるこの季節。年長さんの園生活は残りわずかになりました。小学校進学への期待を胸に、おともだちと仲良く、一日一日を大切にして、園生活を楽しんでほしいと思います。

P185_03

草花が咲き始める春。年長さんの卒園が近づいて来ました。入園時の不安そうな顔を思い出すと、子どもたちの成長の早さに、こみ上げてくるものがあります。残り少ない園生活ですが、おともだちと仲良く、楽しく過ごしてほしいと思います。

P185_04

P185_05

P185_06

P185_07

P185_08

P185_09

P185_10

P185_11

P185_12

P185_13

P185_14

P185_15

P185_16

持ち物、衣類 ❶

P186_01

P186_02

P186_03

P186_04

P186_05

P186_06

P186_07

P186_08

P186_09

P186_10

P186_11

P186_12

P186_13

P186_14

P186_15

P186_16

P186_17

P186_18

P186_19

P186_20

持ち物、衣類 ❷

P187_01

P187_02

P187_03

P187_04

P187_05

P187_06

P187_07

P187_08

P187_09

P187_10

P187_11

P187_12

P187_13

P187_14

P187_15

P187_16

P187_17

P187_18

P187_19

P187_20

P187_21

P187_22

生活習慣

P188_01

P188_02

P188_03

P188_04

P188_05

P188_06

P188_07

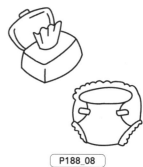
P188_08

P188_09

P188_10

P188_11

P188_12

P188_13

P188_14

P188_15

P188_16

P188_17

P188_18

P188_19

P188_20

遊び

P189_01

P189_02

P189_03

P189_04

P189_05

P189_06

P189_07

P189_08

P189_09

P189_10

P189_11

P189_12

P189_13

P189_14

P189_15

P189_16

P189_17

P189_18

P189_19

P189_20

P189_21

制作活動

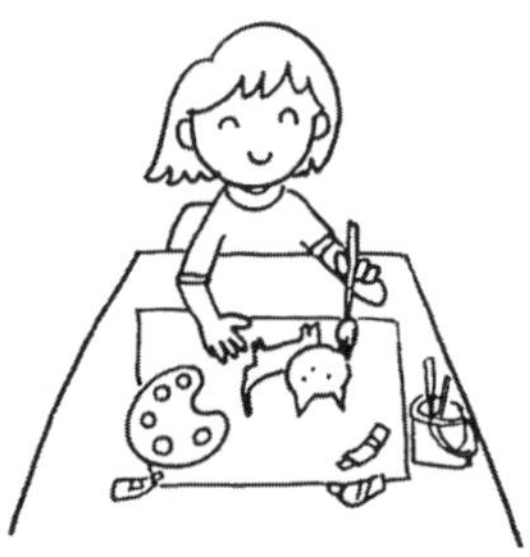
P190_01

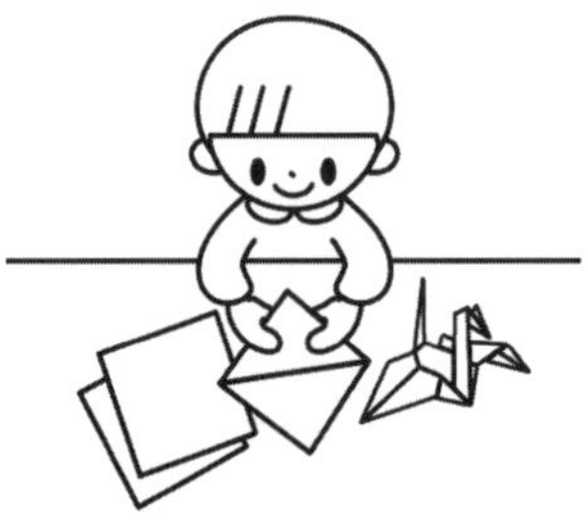
P190_02

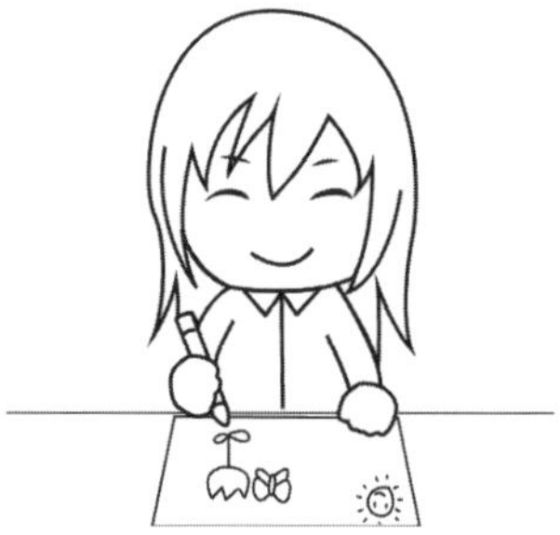
P190_03

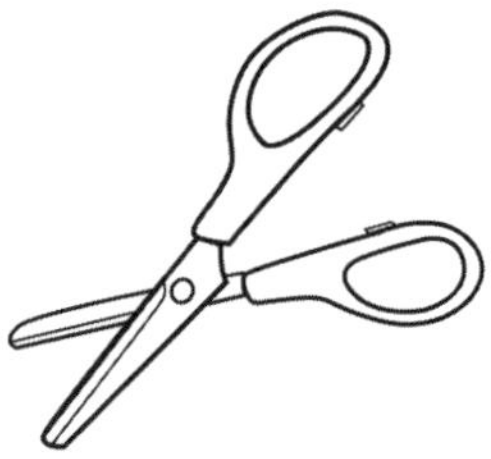
P190_04

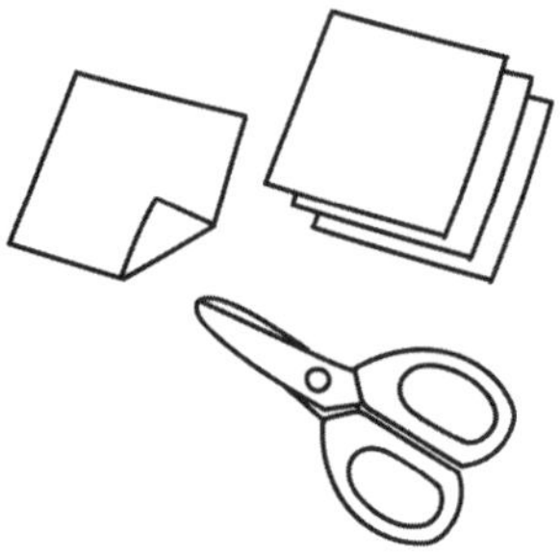
P190_05

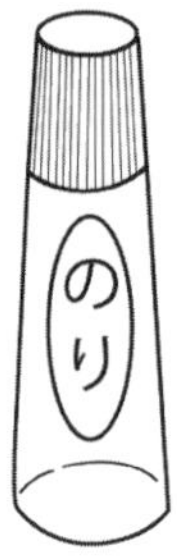

P190_06

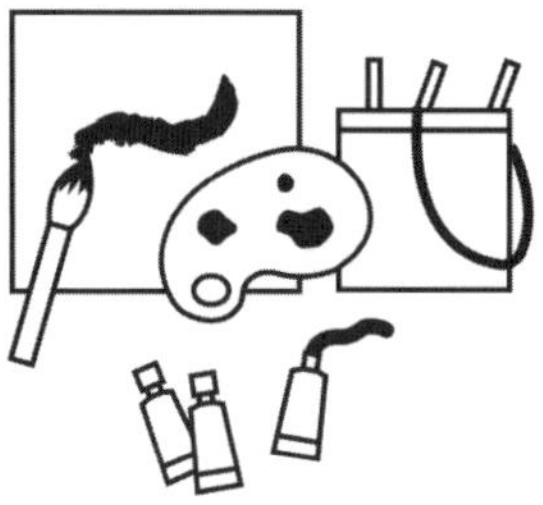
P190_07

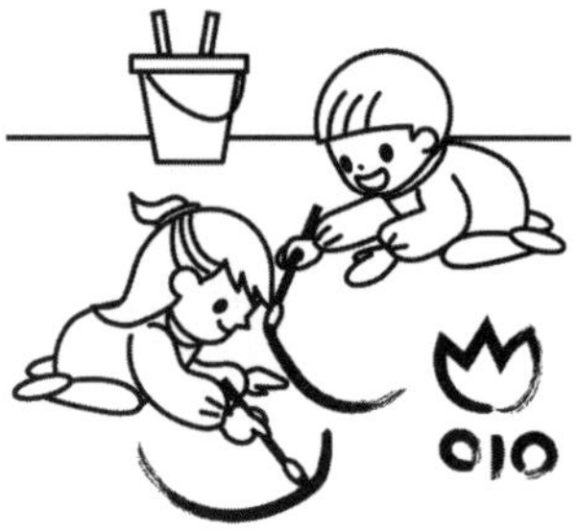
P190_08

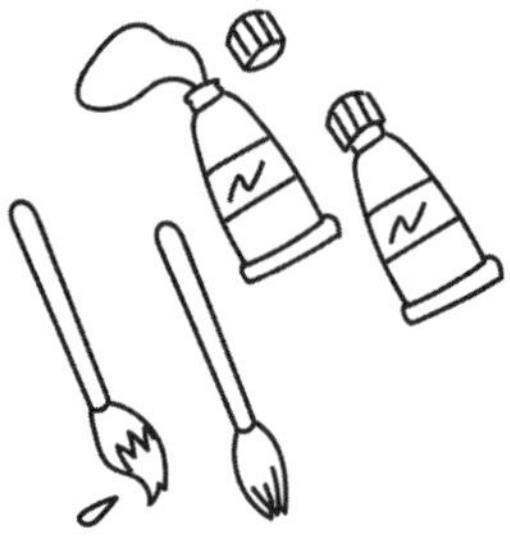
P190_09

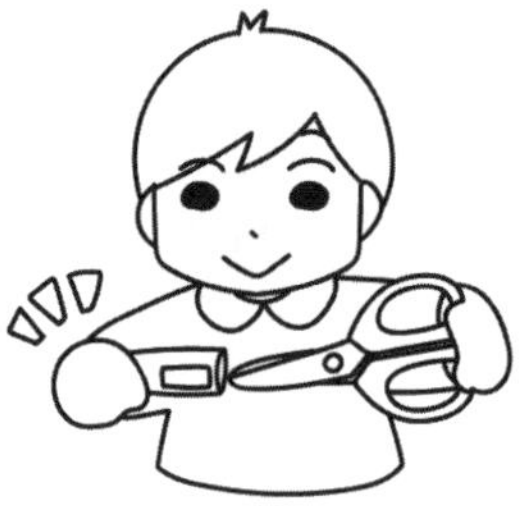
P190_10

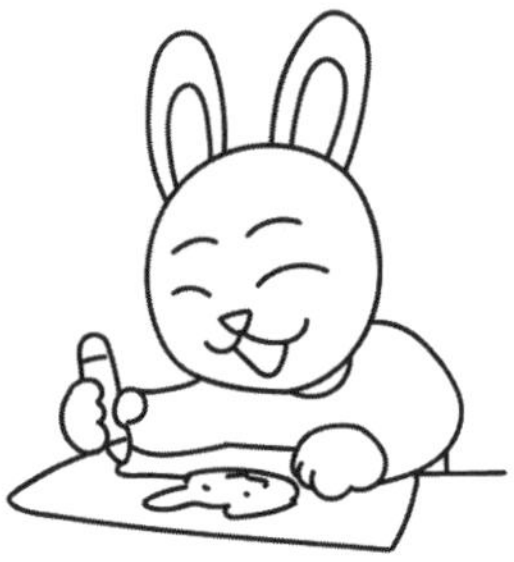
P190_11

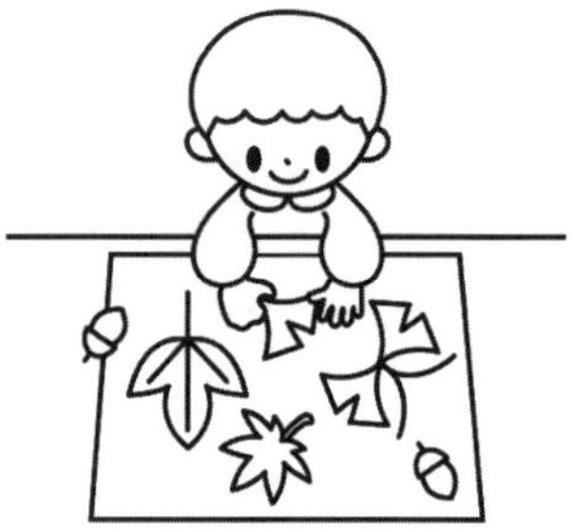
P190_12

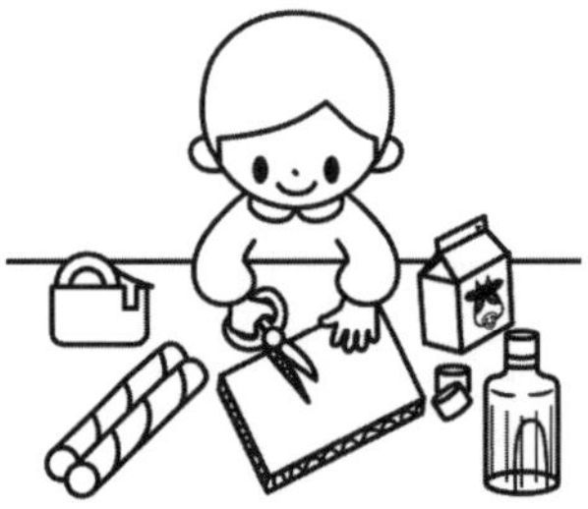
P190_13

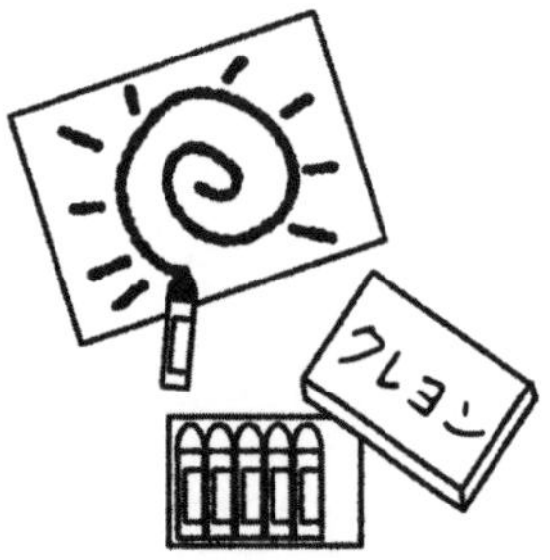

P190_14

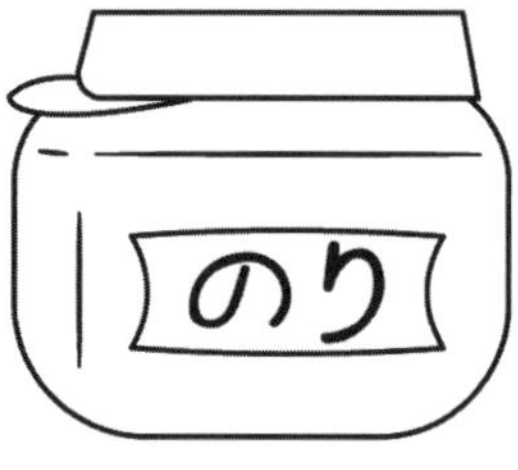

P190_15

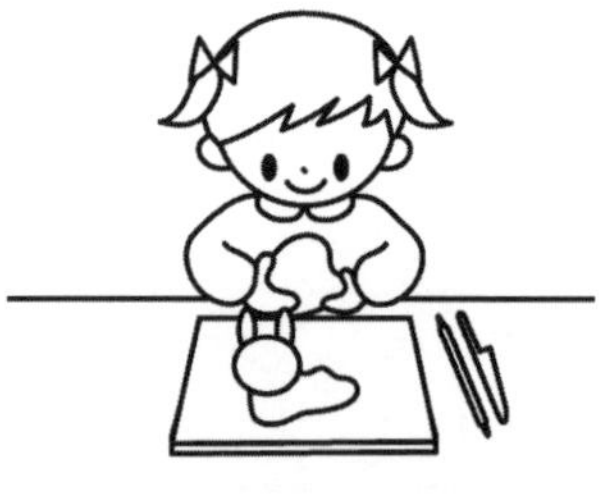
P190_16

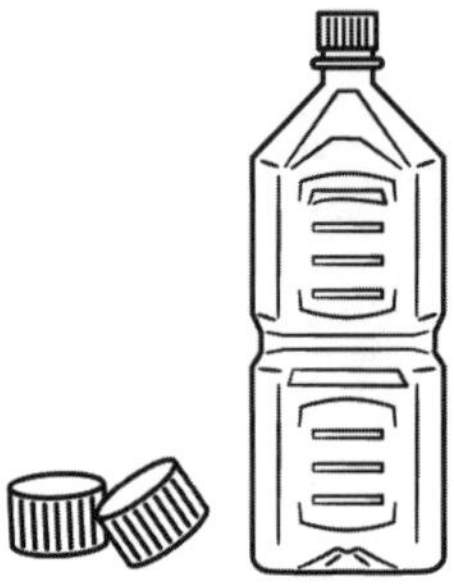
P190_17

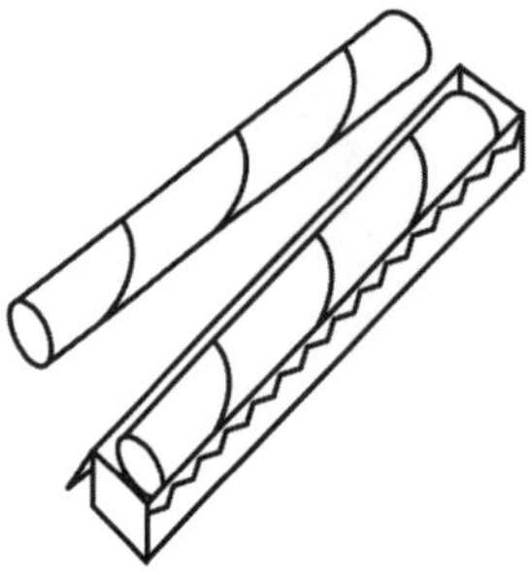
P190_18

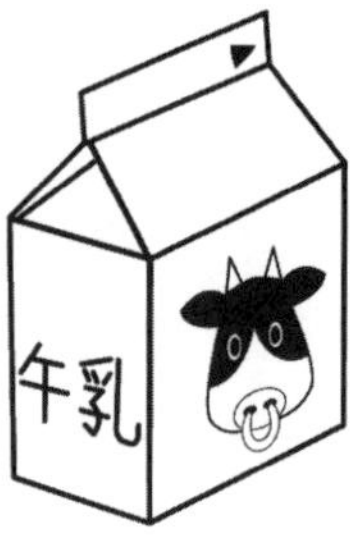

P190_19

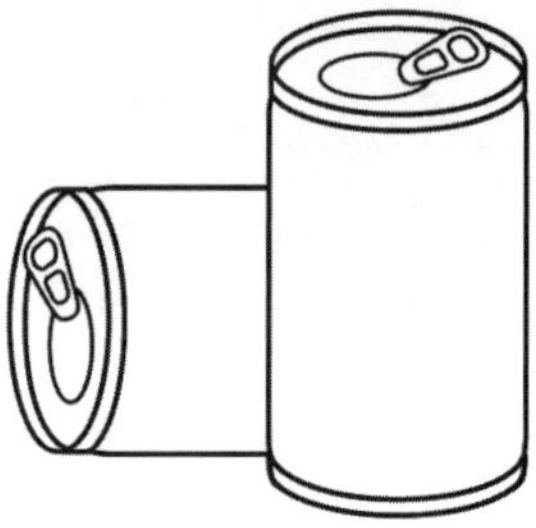
P190_20

安全な生活

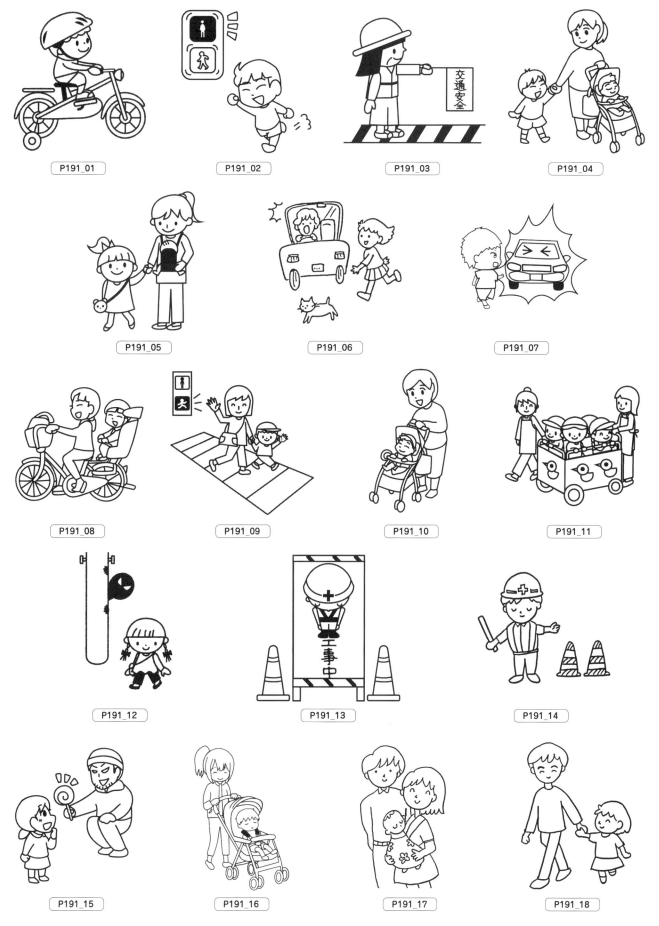

P191_01

P191_02

P191_03

P191_04

P191_05

P191_06

P191_07

P191_08

P191_09

P191_10

P191_11

P191_12

P191_13

P191_14

P191_15

P191_16

P191_17

P191_18

お天気

P192_01

P192_02

P192_03

P192_04

P192_05

P192_06

P192_07

P192_08

P192_09

P192_10

P192_11

P192_12

P192_13

P192_14

P192_15

P192_16

P192_17

P192_18

P192_19

カット集

昆虫

クモ、かえる、ザリガニは、昆虫ではありませんが、編集の都合上このページに収録しています。

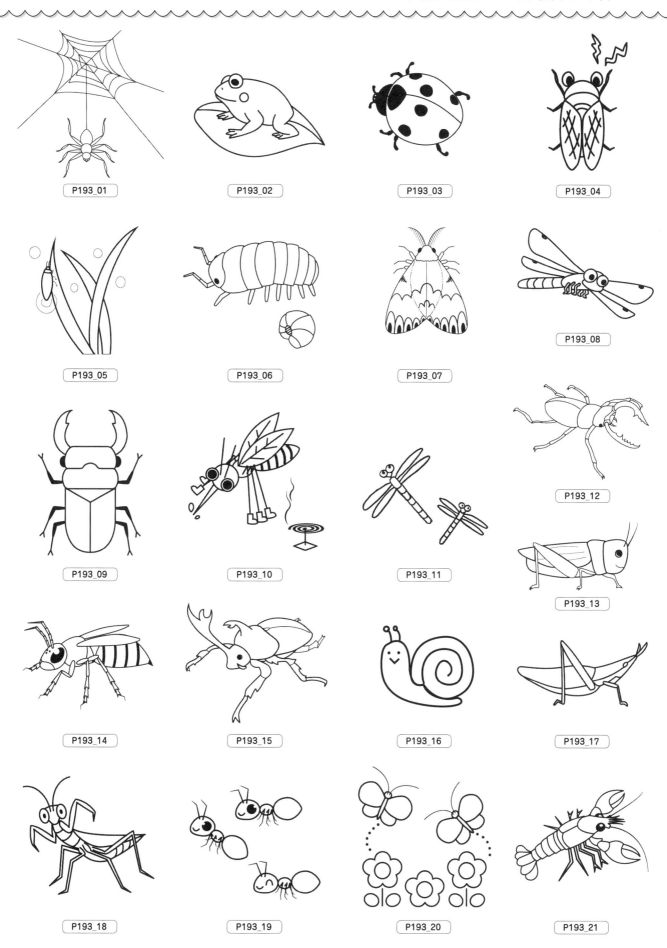

P193_01

P193_02

P193_03

P193_04

P193_05

P193_06

P193_07

P193_08

P193_09

P193_10

P193_11

P193_12

P193_13

P193_14

P193_15

P193_16

P193_17

P193_18

P193_19

P193_20

P193_21

動物

P194_01

P194_02

P194_03

P194_04

P194_05

P194_06

P194_07

P194_08

P194_09

P194_10

P194_11

P194_12

P194_13

P194_14

P194_15

P194_16

P194_17

P194_18

P194_19

P194_20

P194_21

P194_22

P186-P201_Illust ➡ P194

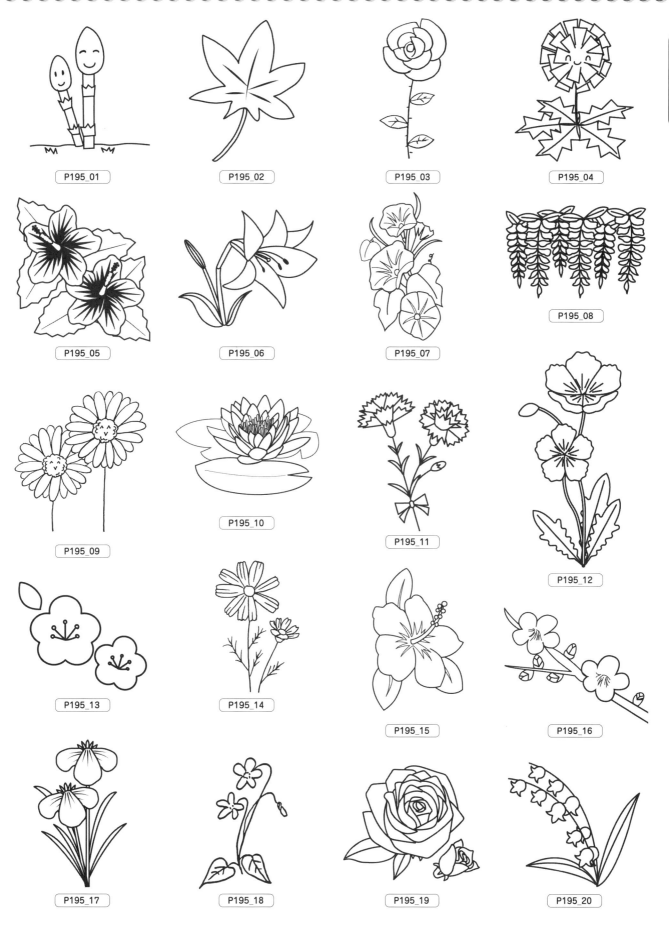

P195_01

P195_02

P195_03

P195_04

P195_05

P195_06

P195_07

P195_08

P195_09

P195_10

P195_11

P195_12

P195_13

P195_14

P195_15

P195_16

P195_17

P195_18

P195_19

P195_20

野菜

P196_01

P196_02

P196_03

P196_04

P196_05

P196_06

P196_07

P196_08

P196_09

P196_10

P196_11

P196_12

P196_13

P196_14

P196_15

P196_16

P196_17

P196_18

農林水産省では、おおむね2年以上栽培する草本植物および木本植物であって、果実を食用とするものを「果樹」としています。栗は果樹となりますが、本書では生活実態に合わせて野菜に分類しています。

 こちらも参照ください

P.167:「給食だよりのイラスト」

カット集

果物

P197_01

P197_02

P197_03

P197_04

P197_05

P197_06

P197_07

P197_08

P197_09

P197_10

P197_11

P197_12

P197_13

P197_14

P197_15

P197_16

P197_17

P197_18

農林水産省では、おおむね2年以上栽培する草本植物および木本植物であって、果実を食用とするものを「果樹」としています。メロン、イチゴは野菜となりますが、本書では生活実態に合わせて果物に分類しています。

こちらも参照ください

P.167:「給食だよりのイラスト」

P198_01

P198_02

P198_03

P198_04

P198_05

P198_06

P198_07

P198_08

P198_09

P198_10

P198_11

P198_12

P198_13

P198_14

P198_15

P198_16

P198_17

P198_18

こちらも参照ください

P.167：「給食だよりのイラスト」

カット集
その他

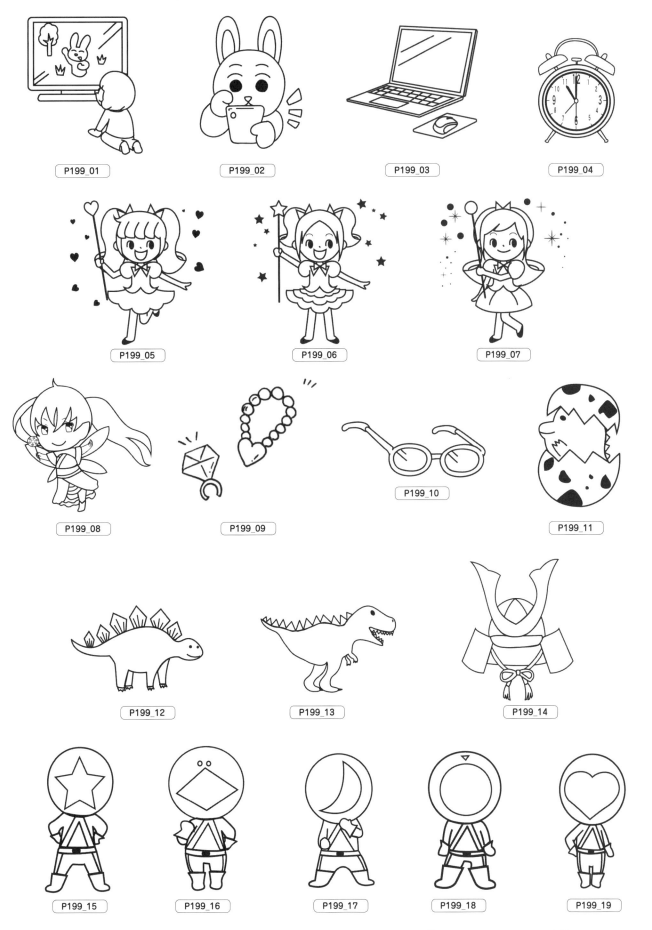

P199_01

P199_02

P199_03

P199_04

P199_05

P199_06

P199_07

P199_08

P199_09

P199_10

P199_11

P199_12

P199_13

P199_14

P199_15

P199_16

P199_17

P199_18

P199_19

メモ帳

P200_01(A4に2枚)

P200_03(A4に2枚)

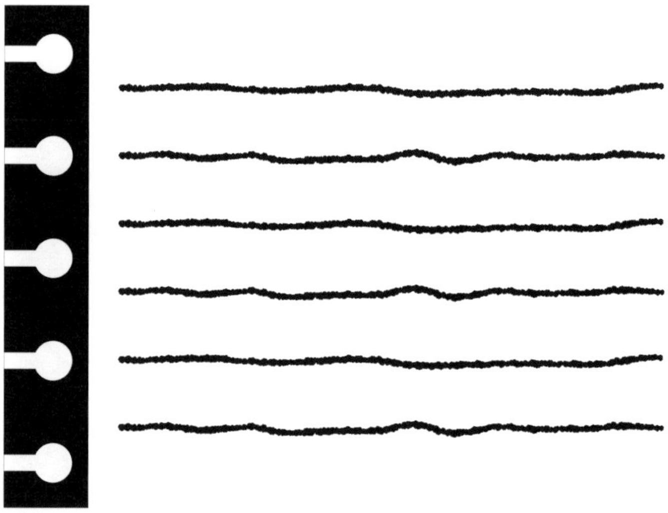

P200_02(A4に2枚)

P200_05(A4に4枚)

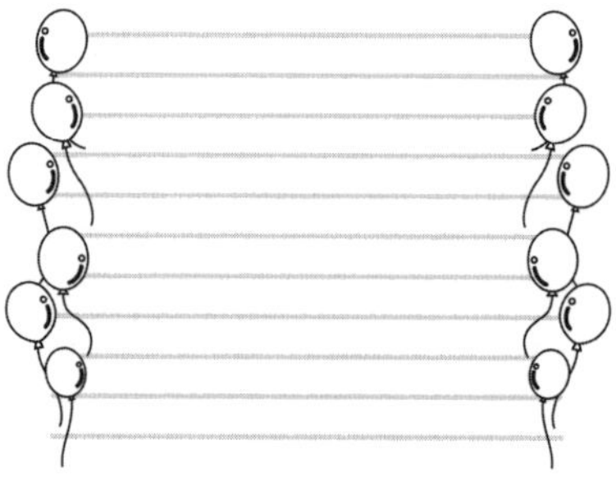

P200_06(A4に4枚)

P200_04(A4に2枚)

吹き出し、数字、リボン

P201_01

P201_02

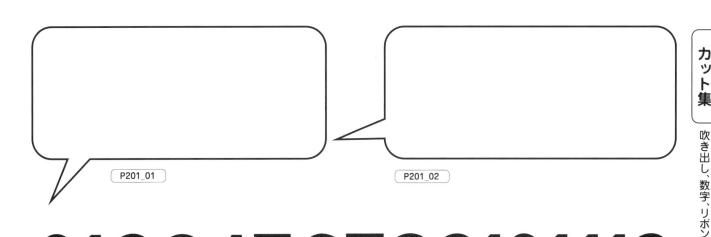

P201_03_0 ～ P201_03_12

P201_04_0 ～ P201_04_12

P201_05_0 ～ P201_05_12

P201_06

P201_07

P201_08

壁面装飾の作り方

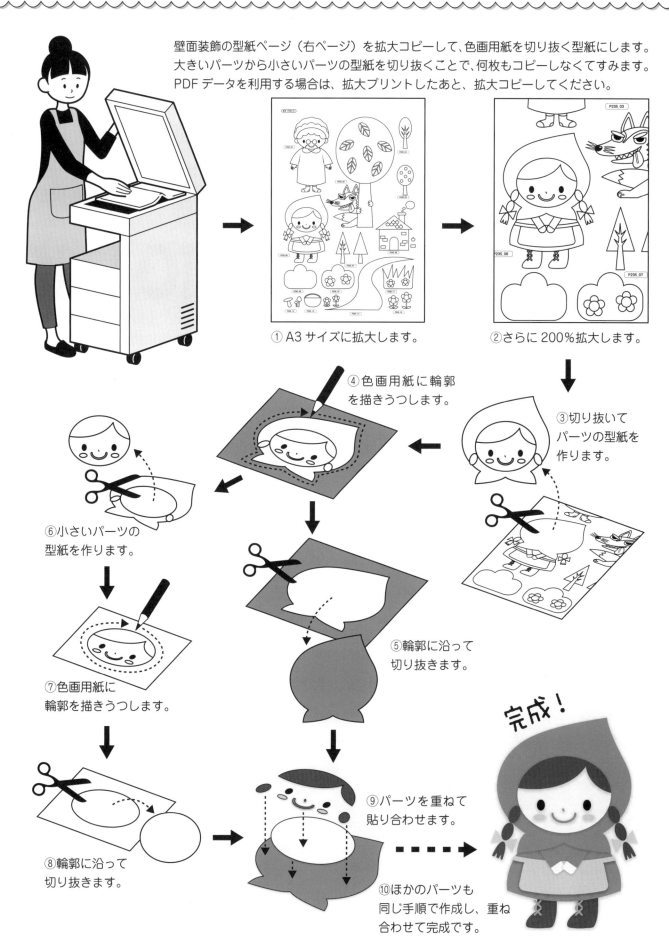

壁面装飾の型紙ページ（右ページ）を拡大コピーして、色画用紙を切り抜く型紙にします。大きいパーツから小さいパーツの型紙を切り抜くことで、何枚もコピーしなくてすみます。PDFデータを利用する場合は、拡大プリントしたあと、拡大コピーしてください。

①A3サイズに拡大します。

②さらに200％拡大します。

③切り抜いてパーツの型紙を作ります。

④色画用紙に輪郭を描きうつします。

⑤輪郭に沿って切り抜きます。

⑥小さいパーツの型紙を作ります。

⑦色画用紙に輪郭を描きうつします。

⑧輪郭に沿って切り抜きます。

⑨パーツを重ねて貼り合わせます。

⑩ほかのパーツも同じ手順で作成し、重ね合わせて完成です。

完成！

イラストの使い方

ワードでおたよりを作る際、壁面装飾用型紙の童話のキャラクターを使うには、各ページのファイル名の付いているイラストを利用してください。

壁面装飾を作成した月に、同じキャラクターの園だより・クラスだよりを作成するのがいいでしょう。

ポイント 1

タイトルは、イラストと文字が別々になっています。タイトルは、「園だより」が 3 種類、「クラスだより」が 3 種類あります。物語によって異なるタイトルが入っているので、お好きなものを組み合わせてご利用ください。ワードで入力してもかまいません。

クラスだより

日に日に暖かさが増してきました。緑の色も鮮やかになり、とても過ごしやすい季節となります。お子さんたちも、○○園では元気いっぱいに動き回っています。また、絵本などに興味をもつお子さんも増えてきました。ご家庭でも一緒に読んでみてはいかがですか？

読書のすすめ

今月のお話はとても有名な童話「あかずきん」です。

小さい頃から本を読むことに慣れ親しむと、成長後も読書が習慣になるそうです。読書は、思考力や理解力を高める効果もあります。できるだけ、お子さんに本に触れる機会を作ってあげてください。図書館を利用することをおすすめします。

あかずきん

今月のお話はとても有名な童話、「あかずきん」です。おばあさんのお見舞いに行くことになったあかずきん。途中で道草をしていると、オオカミがやってきます。おばあさんのお見舞いに行くことを知ったオオカミは、おばあさんの家に先回りしておばあさんを食べてしまいます。オオカミはおばあさんに化けて待ち伏せし、あかずきんも食べてしまいます。

そこへ猟師がやってきて、オオカミのおなかを切り裂いておばあさんとあかずきんを助けます。おばあさんとあかずきんは、オオカミのおなかには石を詰めてこらしめたというお話です。

4月生まれのおともだち

おたんじょうび おめでとう！

あいかわ　たくと　くん
いまなか　ゆうか　ちゃん

ポイント 2

イラストとタイトルは別々になっています。タイトルは各月 2 種類ずつあります。物語ごとに別のものが入っているので、お好きなものをご利用ください。ワードで入力してもかまいません。おともだちの名前は、ワードで自由に入力してください。

ポイント 3

童話のあらすじは、ワードデータで収録されています。内容は自由に変更してください。枠やテキストボックスのサイズも変更できます。

おやゆび姫

おやゆび姫

　今月のお話は、デンマークの童話作家アンデルセンによる「おやゆび姫」です。

　お花から生まれた小さなかわいいおやゆび姫。そのかわいらしさから、カエルに連れさられ、モグラのお嫁さんにされそうになります。しかし、やさしいおやゆび姫がケガをしたつばめを助けてあげると、つばめはおやゆび姫をお花の国へと連れていき、お花の国の王子様と幸せに暮らしたというお話です。

　このお話を読むと、きれいなお花や春の暖かい雰囲気が伝わってきて、子どもたちも読み終わったあとはなんだかほっこりします。ぜひご家族みなさんで一緒に読んでみてください。

P204_01

1月生まれのおともだち

あいかわ　たくと　くん
いまなか　ゆうか　ちゃん
えんどう　たいち　くん

P204_02

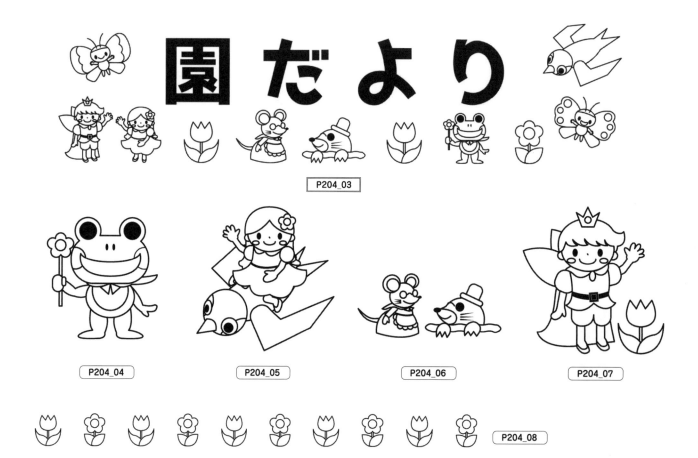

園だより

P204_03

P204_04

P204_05

P204_06

P204_07

P204_08

壁面作成のおススメポイント

春にピッタリな壁面です。暖色を使った、たくさんのお花と一緒に飾るとより暖かな春の雰囲気が伝わるでしょう。

P205_02

P205_03

P205_05

P205_06

P205_07

P205_04

P205_08

P205_10

P205_09

P205_11

P205_12

壁面装飾用の型紙

おやゆび姫

ももたろう

ももたろう

今月のお話は日本昔話、「ももたろう」です。

桃から生まれたももたろうは、やさしいおじいさんとおばあさんに育てられ、とても強い男の子になりました。ももたろうは、悪い鬼を退治するために鬼ヶ島へ。おばあさんの作ったきび団子をもって出発です。道中、イヌ、サル、キジにきび団子を分けて仲間となり、力を合わせて鬼退治をし、無事におじいさんとおばあさんのところへ帰るという古くから日本に伝わるお話です。

繰り返し出てくる動物にきび団子をあげる場面が子どもたちに人気です。一人よりもみんなで力を合わせると強くなることを教えてくれて、楽しいお話です。

P206_01

2月生まれのおともだち

あいかわ　たくと　くん
いまなか　ゆうか　ちゃん
えんどう　たいち　くん

P206_02

P206_03

P206_04

P206_05

P206_06

P206_07

P206_08

P206_09

P206_10

P206_11

壁面作成のおススメポイント

桃は個人個人で別に作って一緒に展示してもいいでしょう。

全体：P207_01

P207_02

P207_03

P207_04

P207_05

P207_06

P207_07

P207_08

P207_09

P207_10

P207_11

P207_12

P207_13

ピーターパン

　今月のお話は、大人にならない少年「ピーターパン」です！

　夢の国ネバーランドからやってきたピーターパン。妖精の粉をウェンディ、ジョン、マイケルの兄弟に振りかけて、4人でネバーランドの冒険の旅に向かいます。

　ネバーランドでは、インディアンと出会いやフック船長との戦いもあり、子どもたちがワクワクするような楽しい冒険のお話です。最後はフック船長がワニに食べられ、子どもたちも無事家に戻ります。

　ピーターパンのように自由に空を飛べたら気持ちがいいでしょうね。

P208_01

3月生まれのおともだち

おたんじょうび　おめでとう

いまなか　ゆうか　ちゃん

えんどう　たいち　くん

P208_02

P208_03

P208_04

P208_05

P208_06

P208_07

P208_08

壁面作成のおススメポイント

ピーターパンたちが空を飛んでいるシーンは、シルエットで表現すると、夜にみんなでネバーランドへ行くシーンが再現できると思います。星に子どもたちの名前とお誕生日を記入して、お誕生日の表にしてもかわいい壁面です。

全体：P209_01

P209_02

P209_03

P209_04

P209_05

P209_06

P209_07

P209_08

P209_09

P209_10

P209_11

ピノッキオの冒険（ピノキオ）

ピノキオ

今月のお話は嘘をつくと鼻が伸びてしまう、「ピノキオ」です。子ども好きなゼペットじいさんは、子どもの操り人形「ピノキオ」を作ります。「本当の子どもになるように」と願うと、女神様がピノキオに命を与え、人間の子として暮らします。しかし、ピノキオは、見世物小屋に売られるなど、たびたび騙されます。助けを求めるために、嘘をつくと鼻が伸びてしまいます。それでも、最後には女神様が、ピノキオの優しく勇気ある行動を褒め、本物の人間になることができるというお話です。

嘘をついたらいけないということが、子どもたちにまっすぐ伝わるお話だと思います。

P210_01

4月生まれのおともだち

あいかわ　たくと　くん
いまなか　ゆうか　ちゃん
えんどう　たいち　くん

P210_02

P210_03

P210_04

P210_05

P210_06

P210_07

P210_08

P210_09

壁面作成のおススメポイント

どのシーズンでも使える壁面装飾です。壁面制作に迷ったときにおススメです。

全体：P211_01

P211_02

P211_03

P211_04

P211_05

P211_06

P211_07

P211_08

P211_09

P211_10

したきりすずめ

したきりすずめ

今月のお話は日本昔話「したきりすずめ」。優しいおじいさんと、意地悪なおばあさんのお話です。

おじいさんは、ケガをしていた一羽のすずめを介抱し、「おちょん」と名付けます。ある日、おちょんはおばあさんの障子貼り用ののりを食べてしまいます。怒ったおばあさんはおちょんの舌をハサミで切ってしまい、おちょんは泣きながら逃げてしまいます。

おじいさんはおちょんを探し、すずめのお宿で見つけます。帰りにお土産をくれると言うので、小さいつづらを選びます。つづらにはたくさんの宝物が入っていました。それを聞いたおばあさん、お宿に行き、大きいつづらを持ち帰りますが、つづらからはおばけがたくさん出てきます。

欲張ってはダメという教訓が込められたお話です。

P212_01

5月生まれのおともだち

あいかわ　たくと　くん
いまなか　ゆうか　ちゃん
えんどう　たいち　くん

P212_02

園 だ よ り

P212_03

P212_04

P212_05

P212_06

P212_07

P212_08

P212_09

壁面作成のおススメポイント

おばけがたくさん出てきて、夏の壁面としてもいいでしょう。壁面を見ただけで、したきりすずめのお話が子どもたちに伝わるでしょう。

全体：P213_01

P213_02

P213_03

P213_04

P213_05

P213_06

P213_07

P213_08

P213_09

P213_10

壁面装飾用の型紙 したきりすずめ

ヘンゼルとグレーテル

ヘンゼルとグレーテル

今月のお話はグリム童話「ヘンゼルとグレーテル」です。

森に捨てられたヘンゼルとグレーテルは、さまざまな方法を使って家に帰ろうとします。途中、お菓子の家を発見！　喜んでお菓子を食べてしまいます。でも、それは魔女の罠だったのです。しかし、ヘンゼルとグレーテルは力をあわせて魔女を倒し、家へ帰ることができるお話です。

ふたりのあきらめない気持ちが伝わってきますね。お菓子のお家、本当にあったらいいね！と子どもたちと話しています。

P214_01

6月生まれのおともだち

あいかわ　たくと　くん
いまなか　ゆうか　ちゃん
えんどう　たいち　くん

P214_02

P214_03

P214_04

P214_05

P214_06

P214_07

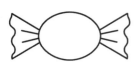

P214_08

P214_09

壁面作成のおススメポイント

子どもたちが一人ずつ制作したお菓子と一緒に展示すると、とてもかわいらしいですね。

全体：P215_01

P215_02

P215_04

P215_05

P215_03

P215_06

P215_07

P215_08

P215_09

P215_10

P215_11

P215_12

P215_13

P215_14

人魚姫

今月のお話はアンデルセン童話の「人魚姫」です。海の底に住む人魚姫は、人間の世界へ行ったときに、船にいた王子様を好きになります。嵐で船が沈むところを、人魚姫が王子様を助けます。ところが人間の娘が王子を介抱し、王子様は娘に助けられたと勘違いし、結婚をすることになります。人魚姫は、海の魔女から自分の声を引き換えに人間になる薬をもらいますが、王子様に会っても声が出ないので救ったのは自分だと言えません。王子を刺せば海に帰れますが、人魚姫は大好きな王子様を刺せず、泡になって消えてしまいます。

子どもたちからは、読み終わると悲しいねという声が聞こえ、人魚姫のやさしい気持ちから感じ取れるものがあったように思います。

P216_01

7月生まれのおともだち

あいかわ　たくと　くん
いまなか　ゆうか　ちゃん
えんどう　たいち　くん

P216_02

P216_03

P216_04

P216_05

P216_06

P216_07

P216_08

P216_09

壁面作成のおススメポイント

夏の壁面にピッタリです。子どもたちの個人制作した魚と一緒に展示すると、広い海の世界を表現することができます。

全体：P217_01

P217_03

P217_04

P217_02

P217_05

P217_06

P217_07

P217_08

P217_09

P217_10

かさじぞう

今月のお話は日本昔話「かさじぞう」です。

貧しいおじいさんとおばあさんは、お正月を迎えるための食べ物がありません。そこで、笠を編んでおじいさんが街に売りに行きます。あまり売れなかった吹雪の帰り道、7人のお地蔵さまを見かけます。おじいさんは、売れ残った笠をお地蔵さまにかけてあげます。笠がひとつ足りなかったので、7人目はおじいさんの手ぬぐいをかけてあげました。

その夜、おじいさんとおばあさんが寝ていると、お地蔵さまが、家の前に米俵や、餅、野菜、魚、小判を山ほど置いていくという心温まるお話です。

お地蔵さまのことを考える優しいおじいさんのように子どもたちも優しい心を育んでもらいたいです。

P218_01

8月生まれのおともだち

あいかわ　たくと　くん
いまなか　ゆうか　ちゃん
えんどう　たいち　くん

P218_02

P218_03

P218_04

P218_05

P218_06

P218_07

P218_08

P218_09

P218_10

壁面作成のおススメポイント

冬の壁面にピッタリです。
子どもたちが個人制作したお地蔵さまと一緒に展示するといいでしょう。

P219_02

P219_03

P219_04

P219_05

P219_06

P219_07

P219_08

P219_09

P219_10

P219_11

P219_12

P219_13

P219_14

壁面装飾用の型紙
こびとのくつや

こびとのくつや

　今月のお話は「こびとのくつや」です。

　貧しいけれど、真面目な靴屋さんがいました。靴の材料が最後の1足分になった夜、寂しく思いながら眠ると、翌朝、靴が1足完成していました。その靴は高く売れ、次の靴の材料を買えました。翌日の朝、靴が2足完成していました。誰が作っているのかと隠れて見ていると、それはこびとだったのです。靴屋さんはうれしく思い、こびと用のシャツやズボン、靴を作って置いておきました。こびとたちは喜んで服を着てくれました。その後、靴屋さんは、靴の売れ行きも上がり幸せになったというお話です。

　かわいらしいこびとがとても印象的な、優しさにあふれた素敵なお話で、子どもたちにも人気です。

P220_01

9月生まれのおともだち

あいかわ　たくと　くん
いまなか　ゆうか　ちゃん
えんどう　たいち　くん

P220_02

 クラスだより

P220_03

P220_04

P220_05

P220_06

P220_07

P220_08

P220_09

 壁面作成のおススメポイント

子どもたちが観察して描いた靴の絵と一緒に展示してもいいでしょう。

P221_02

P221_03

P221_05

P221_04

P221_07

P221_06

おむすびころりん

おむすびころりん

今月のお話は日本昔話、「おむすびころりん」です。山で木を切っていたおじいさんが、食べようとしたおにぎりを落としてしまいます。おにぎりは転がって、穴に落ちます。穴をのぞくと声がするので、おじいさんも穴に入ります。穴の中にはたくさんのネズミ。おじいさんは歓迎され、おむすびのお礼に小さいつづらをもらいます。つづらの中にはたくさんのお宝が入っていました。それを知った隣のおじいさんは、おむすびを無理やり穴に入れ、穴に入って大きなつづらを持ち帰ろうとします。怒ったねずみは、隣のおじいさんにかみついて、降参して帰ったというお話です。子どもたちは「おむすびころりんすっとんとん」というリズムが大好きです。

P222_01

10月生まれのおともだち

あいかわ　たくと　くん
いまなか　ゆうか　ちゃん
えんどう　たいち　くん

P222_02

クラスだより

P222_03

P222_04

P222_05

P222_06

P222_07

壁面作成のおススメポイント

かわいいねずみの壁面と一緒に、子どもたちが個人で制作したおにぎりを壁面として展示するのもいいでしょう。

P223_02

P223_03

P223_04

P223_05

P223_06

P223_07

P223_08

P223_09

P223_10

P223_11

眠れる森の美女

眠れる森の美女

今月のお話は「眠れる森の美女」です。「いばら姫」とも呼ばれますね。

お城でお姫様誕生のお祝いが開かれましたが、呼ばれなかった魔女が怒り「王女が16歳になったとき、糸車の針に刺さって死んでしまう」という呪いをかけます。お姫様を助けようと、お祝いに来ていた妖精が「死んでしまうのではなく、100年の眠りにつく」という魔法をかけます。やがて、16歳になったお姫様は、魔女の魔法と妖精の魔法にかかり、お城の人と一緒に眠りにつきました。そこへ、美しい姫が眠るという噂を聞いた王子様がやってきて、お姫様にキスをするとお姫様は目覚め、お城も元に戻ったというロマンチックなお話です。

P224_01

11月生まれのおともだち

あいかわ　たくと　くん
いまなか　ゆうか　ちゃん
えんどう　たいち　くん

P224_02

園だより

P224_03

P224_04

P224_05

P224_06

P224_07

P224_09

P224_08

壁面作成のおススメポイント

竜やお城をダイナミックに表現して、迫力ある壁面を制作してみましょう。

P225_02

P225_03

P225_04

P225_05

P225_06

P225_07

P225_08

P225_09

P225_10

P225_11

おおきなかぶ

　今月のお話はみなさんの知っている「おおきなかぶ」。ロシア民話のお話です。

　おじいさんが、かぶを植えた育てようと種をまきます。やがてかぶは大きく立派なかぶに育ちます。ところが、かぶを抜こうとすると、かぶはびくともせずに抜けません。おばあさんも手伝いますが抜けません。それを見た孫も手伝いますが、抜けません。犬、猫、ネズミも手伝ってみんなで一緒におおきなかぶを抜くお話です。

　「うんとこしょ、どっこいしょ」という繰り返しのリズムが小さなクラスの子どもたちにも大人気です。ぜひご家庭でも読んでみてください。

P226_01

12月生まれのおともだち

あいかわ　たくと　くん

いまなか　ゆうか　ちゃん

えんどう　たいち　くん

P226_02

P226_03

P226_04

P226_05

P226_06

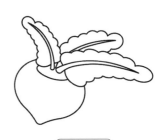

P226_07

P226_08

P226_09

P226_10

P226_11

壁面作成のおススメポイント

個人制作で作った子どもたちの自画像が、おおきなかぶを抜くのをお手伝いしても楽しい壁面になるでしょう。

P227_02

P227_03

P227_04

P227_05

P227_06

P227_07

P227_08

ブレーメンの音楽隊

ブレーメンの音楽隊

　今月のお話は、「ブレーメンの音楽隊」です。

　歳をとって働けなくなったロバ、犬、猫、オンドリがブレーメンという町を目指し、音楽隊になろうというお話です。

　旅の途中、４匹は力を合わせて泥棒を追い払い、動物たちは泥棒のいなくなった家で仲良く暮らしました。

　子どもたちは、泥棒が出てくるシーンをおそるおそる見ていますが、動物たちを一生懸命応援して盛り上がる愉快なお話です。読み聞かせにおすすめです。

P228_01

1月生まれのおともだち

あいかわ　たくと　くん
いまなか　ゆうか　ちゃん
えんどう　たいち　くん

P228_02

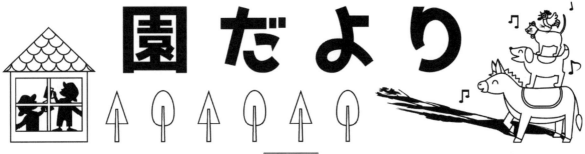

P228_03

P228_04

P228_05

P228_06

P228_07

P228_08

P228_09

P228_10

壁面作成のおススメポイント

かわいらしい動物たちや、家の中にいる泥棒はシルエットで表現し、絵本の雰囲気を出しましょう。

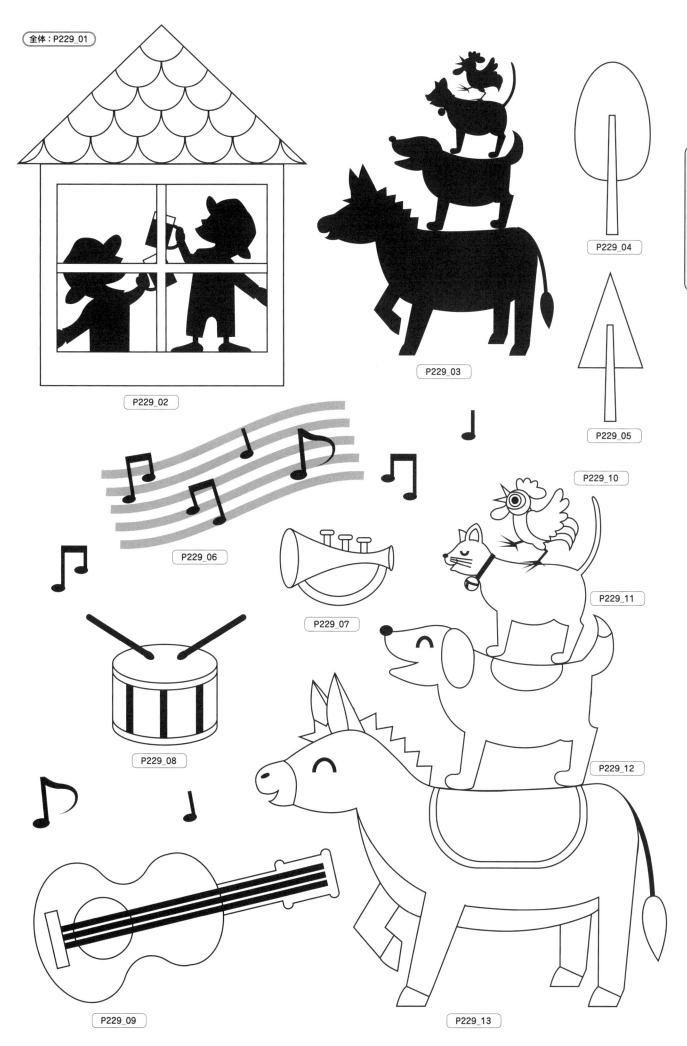

全体：P229_01

P229_02

P229_03

P229_04

P229_05

P229_06

P229_07

P229_08

P229_09

P229_10

P229_11

P229_12

P229_13

オズの魔法使い

オズの魔法使い

　今月のお話は、有名な童話「オズの魔法使い」です。ある日大きな竜巻が起こり、ドロシーという女の子がオズの国へ飛ばされてしまいます。

　家に帰りたいドロシーは、オズの魔法使いなら願いを叶えてくれるかもしれないと言われ、オズの魔法使いの元へ向かいます。

　旅の途中で、かかし、ブリキのきこり、ライオンと出会います。ドロシーたちは、魔女を倒し、かかしは賢さを、ブリキのきこりは心を、ライオンは勇気を知ります。

　そしてドロシーは無事家に帰り、仲間や家族の大切さを知ることができたという素敵な冒険のお話です。

P230_01

2月生まれのおともだち

あいかわ　たくと　くん
いまなか　ゆうか　ちゃん
えんどう　たいち　くん

P230_02

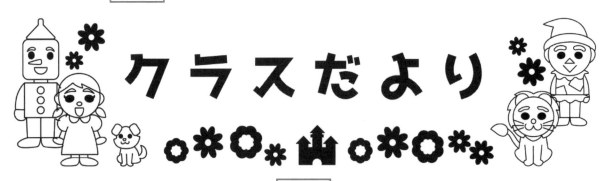

クラスだより

P230_03

P230_04

P230_05

P230_06

P230_07

P230_08

P230_09

壁面作成のおススメポイント

緑や、エメラルドグリーンの色を使用することで、オズの魔法使いのイメージをより引き出す壁面を作ることができるでしょう。

P231_02

P231_03

P231_04

P231_05

P231_06

P231_07

P231_08

不思議の国のアリス

不思議の国のアリス

今月のお話は、「不思議の国のアリス」です。

アリスという女の子は、服を着て人の言葉を喋る白うさぎを見かけて追いかけて行き、不思議な世界へと舞い降りてしまいます。

不思議な世界では、不思議なことがたくさん起こります。また、チシャねこ、三月うさぎ、いかれ帽子屋などさまざまなキャラクターに出会います。

結局、すべてはアリスの夢の中のお話なのですが、その内容が面白いため、読んでいる子どもたちも、不思議なできごとを一緒に体験できるような、楽しいお話です。

P232_01

３月生まれのおともだち

あいかわ　たくと　くん

いまなか　ゆうか　ちゃん

えんどう　たいち　くん

P232_02

P232_03

P232_04

P232_05

P232_06

P232_07

P232_08

P232_09

P232_10

P232_11

壁面作成のおススメポイント

トランプの兵隊を誕生日の数字にして、子どもたちの名前を書いてお誕生日の表にしてもかわいらしいでしょう。

全体：P233_01

P233_02

P233_03

P233_04

P233_05

P233_06

P233_07

P233_08

10/6

P233_09

P233_10

あかずきん

あかずきん

今月のお話はとても有名な童話、「あかずきん」です。

おばあさんのお見舞いに行くことになったあかずきん。途中で道草をしていると、オオカミがやってきます。おばあさんのお見舞いに行くことを知ったオオカミは、おばあさんの家に先回りしておばあさんを食べてしまいます。オオカミはおばあさんに化けて待ち伏せし、あかずきんも食べてしまいます。

そこへ猟師がやってきて、オオカミのおなかを切り裂いておばあさんとあかずきんを助けます。おばあさんとあかずきんは、オオカミのおなかには石を詰めてこらしめたというお話です。

P234_01

4月生まれのおともだち

あいかわ　たくと　くん
いまなか　ゆうか　ちゃん
えんどう　たいち　くん

P234_02

クラスだより

P234_03

P234_04　　P234_05　　P234_6　　P234_07

P234_08

P234_09

壁面作成のおススメポイント

個人制作で子どもたちそれぞれのあかずきんを作って展示してもかわいいでしょう。

P235_02

P235_03

P235_04

P235_05

P235_06

P235_07

P235_08

P235_09

P235_10

P235_11

P235_12

P235_13

P235_14

P235_15

壁面装飾用の型紙 あかずきん

しらゆきひめ

しらゆきひめ

今月のお話は有名な童話「しらゆきひめ」です。
しらゆきひめという美しい女の子がいました。しらゆきひめの新しい継母は魔女でした。魔女が「この世界で一番美しいのは誰？」と鏡に聞くと、鏡は「しらゆきひめ」と答えます。自分が一番美しくないことが気に入らない魔女は、しらゆきひめを殺そうとします。しらゆきひめは森へ逃げ、こびとと一緒に暮らすことにします。

しらゆきひめが生きていると知った魔女は、毒リンゴを使いしらゆきひめを殺してしまいます。そこへ王子様がやってきて、死んでも美しいしらゆきひめにキスをします。するとしらゆきひめは生き返ったというお話です。こびとの個性もかわいらしいです。

P236_01

5月生まれのおともだち

あいかわ　たくと　くん
いまなか　ゆうか　ちゃん
えんどう　たいち　くん

P236_02

P236_03

P236_04

P236_05

P236_06

P236_07

P236_08

P236_09

P236_10

P236_11

P236_12

壁面作成のおススメポイント

リンゴやこびとを子どもたちの個人制作にして展示してもいいでしょう。

全体：P237_01

P237_02

P237_03

P237_04

壁面装飾用の型紙 しらゆきひめ

P237_05

P237_06

P237_07

P237_08

P237_09

P237_10

うらしま太郎

うらしま太郎

　今月のお話は、有名な日本昔話の「うらしま太郎」です。

　うらしま太郎は浜辺で、子どもたちにいじめられていたカメを助けます。すると、カメが恩返しに竜宮城へ連れて行ってくれました。

　竜宮城はとても楽しく、時間が経つのを忘れてしまいます。帰りには、乙姫様が玉手箱を持たせてくれます。

　帰って玉手箱を開けると、実は竜宮城にいた時間よりも長い時間が経っており、うらしま太郎はおじいさんになってしまったというお話です。

　子どもたちは、うらしま太郎の歌も元気に歌っています。ぜひご家庭でもお読みになってください。

P238_01

6月生まれのおともだち

あいかわ　たくと　くん
いまなか　ゆうか　ちゃん
えんどう　たいち　くん

P238_02

P238_03

P238_04

P238_05

P238_06

P238_07

P238_08

P238_09

P238_10

壁面作成のおススメポイント

子どもたちと一緒に海の世界を表現して展示すると、涼しげな保育室の雰囲気になるでしょう。

P239_03

P239_02

P239_04

壁面装飾用の型紙

うらしま太郎

P239_07

P239_05

P239_06

P239_08

P239_09

P239_10

P239_11

さるかに合戦

さるかに合戦

今月のお話は日本昔話の「さるかに合戦」です。

意地悪なサルは、カニをだまして柿の種とおむすびを交換してもらいます。

カニはサルにもらった柿の種を大切に育てました。すると柿の木は、美味しそうな柿の実を実らせました。そこへサルがやってきて、柿の実をとるふりをして木に登り、柿を食べ、カニに青柿を投げつけました。ケガをしたカニを心配した臼、栗、ハチ、うんちがお見舞いにやってきて、サルの悪さを知り、サルをこらしめるというお話です。

悪いことをすると返ってくるということが、子どもたちにもよくわかるお話です。

P240_01

7月生まれのおともだち

あいかわ　たくと　くん
いまなか　ゆうか　ちゃん
えんどう　たいち　くん

P240_02

P240_03

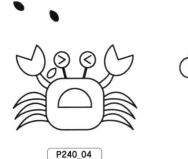

P240_04

P240_05

P240_06

P240_07

P240_08

P240_09

P240_10

P240_11

P240_12

壁面作成のおススメポイント

秋の壁面にもおすすめです。サルやかになど、キャラクターが多いので、子どもたちの個人制作にして展示してもいいでしょう。

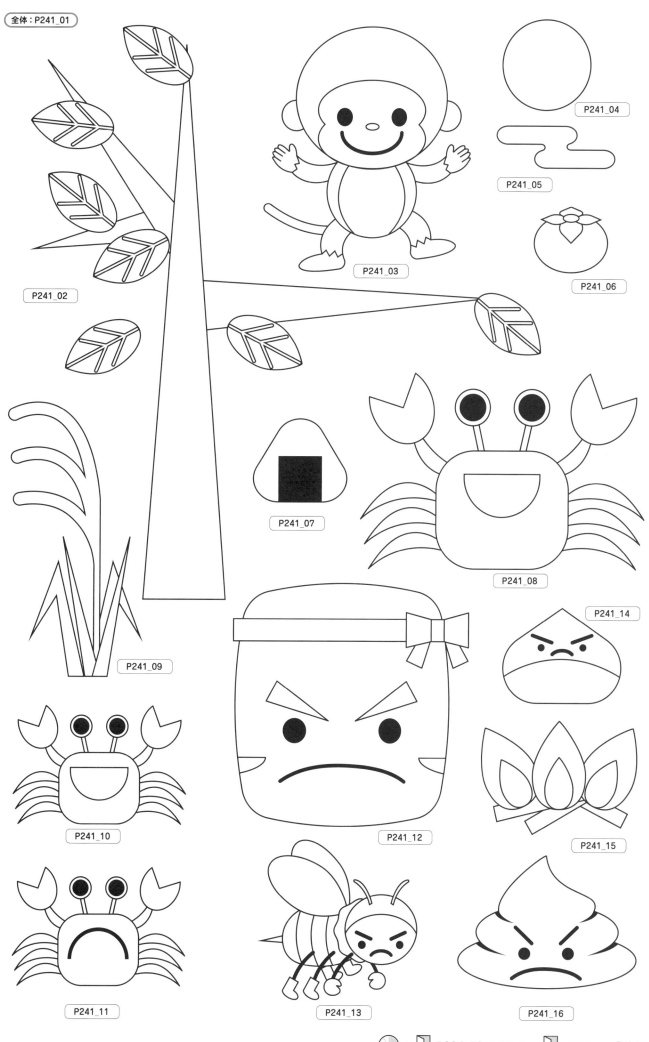

P241_02

P241_03

P241_04

P241_05

P241_06

P241_07

P241_08

P241_09

P241_10

P241_11

P241_12

P241_13

P241_14

P241_15

P241_16

壁面装飾用の型紙　さるかに合戦

3びきのこぶた

今月のおはなしは、イギリスの昔話、「3 びきのこぶた」です。

兄弟の3びきのこぶたたちは、独り立ちするため、家を建てることになります。それぞれわらの家、木の家、レンガの家を建てたこぶたたち。そこへオオカミがやってきて、こぶたを食べようとわらの家と木の家を吹き飛ばします。でもレンガの家は吹き飛ばすことができません。オオカミは、煙突からレンガの家へ入ろうとしますが、こぶたたちは熱々の鍋を煙突の下に準備し、オオカミを追い払って助かります。

なにごとにもコツコツ一生懸命することの大切さを楽しく知ることができるお話です。

P242_01

8月生まれのおともだち

あいかわ　たくと　くん
いまなか　ゆうか　ちゃん
えんどう　たいち　くん

P242_02

P242_03

P242_04

P242_05

P242_06

P242_07

P242_08

壁面作成のおススメポイント

子どもたちと一緒にわらや木、レンガのお家を共同制作して展示してもいいでしょう。

P243_02

P243_03

P243_04

P243_05

P243_06

P243_07

P243_08

P243_09

P243_10

P243_11

P243_12

壁面装飾用の型紙 3びきのこぶた

アラジンと魔法のランプ

アラジンと魔法のランプ

今月のお話は千夜一夜物語の有名な物語のひとつとしても知られている、「アラジンと魔法のランプ」です。

主人公のアラジンは、悪だくみをしていた魔法使いに騙されて、洞窟にランプを取りに行きます。取ってきたのは実は魔法のランプ。こするとランプの魔神があらわれて願いを叶えてくれます。

魔法のランプを手に入れたアラジンは、お姫様と結婚します。しかし、魔法使いにだまされてランプを取られてしまいます。

そして魔法使いからランプを取り返す、冒険のお話です。ランプの魔人や魔法の絨毯、この国の王様や王女様もでてきて楽しいお話です。

P244_01

9月生まれのおともだち

あいかわ　たくと　くん
いまなか　ゆうか　ちゃん
えんどう　たいち　くん

おたんじょうび
おめでとう

P244_02

P244_03

P244_04

P244_05

P244_06

P244_07

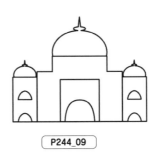

P244_08

壁面作成のおススメポイント

アラビアのお城を背景に置くとよりアラジンのお話らしさが伝わるでしょう。

P244_09

P244_10

全体：P245_01

P245_03

P245_02

P245_04

P245_05

P245_06

P245_07

P245_08

雪の女王

雪の女王

今月のお話はアンデルセン童話の「雪の女王」です。

仲良しのカイとゲルダが遊んでいると、カイの目と心臓に悪魔が作った鏡のガラスのかけらが入り、性格が変わってしまいます。そして、雪の女王に連れ去られてしまいます。

いなくなったカイを心配したゲルダはカイを探しに向かいます。カラスに導かれ、雪の女王のお城にたどり着いたカイを見つけます。ゲルダが流した涙は、鏡のかけらを取り去って魔法が解かれ、トナカイに乗って町に帰るお話です。

有名な「アナと雪の女王」とはまた違ったお話を知ることができます。

P246_01

10月生まれのおともだち

あいかわ　たくと　くん
いまなか　ゆうか　ちゃん
えんどう　たいち　くん

P246_02

クラスだより

P246_03

P246_04

P246_05

P246_06

P246_07

P246_08

壁面作成のおススメポイント

冬の壁面にピッタリです。雪の結晶は、子どもたちと制作して展示してもいいでしょう。

全体：P247_01

P247_02

P247_03

P247_04

P247_05

P247_06

P247_07

P247_08

P247_09

P247_10

P247_11

P247_12

こぶとりじいさん

こぶとりじいさん

　今月のお話は、日本昔話の「こぶとりじいさん」です。ほっぺたにこぶのついた優しいおじいさんと意地悪なおじいさんがいました。優しいおじいさんが、木を切りに行った森で雨宿りをしていると、眠ってしまいます。すると、鬼たちが現れて宴会を始めます。楽しそうなので、おじいさんも一緒に踊ります。鬼は、おじいさんの踊りを気に入り、こぶを取りました。

　その話を知った意地悪なじいさんも、鬼のいるところへ行って踊りました。しかし、鬼は気に入らず、怒って優しいおじいさんから取ったこぶを意地悪なおじいさんに付けてしまったというお話です。

　子どもたちは、こぶがふたつになってしまった意地悪なおじいさんの姿が印象的なようです。

P248_01

11月生まれのおともだち

あいかわ　たくと　くん
いまなか　ゆうか　ちゃん
えんどう　たいち　くん

P248_02

園だより

P248_03

P248_04

P248_05

P248_06

P248_07

P248_08

P248_09

P248_10

壁面作成のおススメポイント

優しいおじいさんが、鬼や動物たちと踊る場面の壁面です。動物を増やして展示することで、楽しい雰囲気がより伝わるでしょう。

全体：P249_01

P249_02

P249_03

P249_04

P249_05

P249_06

P249_07

P249_08

壁面装飾用の型紙 こぶとりじいさん

ながぐつをはいたねこ

ながぐつをはいたねこ

　今月のお話はペロー童話の、「ながぐつをはいたねこ」です。

　父を亡くした3人の息子がいました。息子たちは父のものを分けることにしました。一匹のねこを譲りうけることになった三男はがっかりしますが、そのねこは話すことのできる賢いねこで、三男を幸せにしていきます。

　最後には、人食い鬼を騙して、ライオンやネズミに変身させ食べてしまいます。そして、三男はお姫様と結婚し、王子様になります。三男はねこを譲り受け本当によかったと思うのでした。

　このお話から、見かけに騙されてはいけないということがよくわかります。

P250_01

12月生まれのおともだち

あいかわ　たくと　くん
いまなか　ゆうか　ちゃん
えんどう　たいち　くん

P250_02

P250_03

P250_04

P250_05

P250_06

P250_07

P250_08

P250_09

壁面作成のおススメポイント

勇敢で賢いながぐつをはいたねこと一緒に、人食い鬼、ライオンやネズミを壁面にしてみましょう。子どもたちも「ながぐつをはいたねこ」のお話をイメージしやすいでしょう。

P251_02

P251_03

P251_04

P251_05

P251_06

P251_07

P251_08

P251_09

P251_10

壁面装飾用の型紙 ながぐつをはいたねこ

シンデレラ

シンデレラ

今月のお話は有名な童話「シンデレラ」です。

美しいシンデレラは、継母と連れ子の2人の姉にいじめられ、召し使いのようにして暮らしていました。ある日お城から舞踏会のお知らせ。シンデレラも準備しますが、姉たちに邪魔され、行けなくなります。すると魔法使いが現れて、シンデレラのドレスを直し、カボチャを馬車に、トカゲを召し使いに、ネズミを白馬に、そしてガラスの靴を作ります。でも、魔法がきくのは12時まで。シンデレラは舞踏会に行き、王子様と踊ります。12時になり急いで家に戻る途中、片方のガラスの靴を落とします。王子様はこのガラスの靴がピッタリ合う娘を探し、シンデレラと再会して、結婚するという子どもたちも憧れるお話です。

P252_01

1月生まれのおともだち

あいかわ　たくと　くん

いまなか　ゆうか　ちゃん

えんどう　たいち　くん

P252_02

園 だ よ り

P252_03

P252_04

P252_05

P252_06

P252_07

P252_08

P252_09

P252_10

P252_11

壁面作成のおススメポイント

子どもたちの大好きなお話を壁面で表現しましょう。

全体：P253_01

P253_03

P253_04

P253_02

P253_05

P253_06

P253_07

P253_08

P253_09

壁面装飾用の型紙 シンデレラ

十二支のはなし

今月のお話は日本昔話、「十二支のはなし」です。
　昔々、神様が言いました。1月1日の朝、神様のところに到着した順番で、12匹の動物を1年ずつ王様にすると。張り切った動物たち、新年の太陽が昇り1番に到着したのは牛でした。しかし、牛の背中の上に乗っていたねずみが飛び出して抜いたため、1番はねずみ、牛は2番になってしまいました。続いて、虎、兎、龍、蛇、馬、羊、猿、鳥、犬、猪の順に到着しました。猫は日にちを忘れており、ねずみに聞いたところ、一日遅れの翌日を教えられ、翌日に到着しました。そのため、今でも猫はねずみを恨んで追い回しているといいます。このお話は、子どもたちが十二支を覚えるきっかけになるでしょう。

P254_01

2月生まれのおともだち

あいかわ　たくと　くん
いまなか　ゆうか　ちゃん
えんどう　たいち　くん

P254_02

クラスだより

P254_03

P254_04

P254_05

P254_06

P254_07

P254_08

P254_09

P254_10

P254_11

P254_12

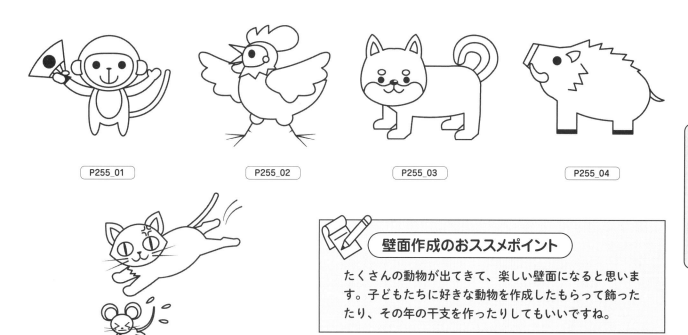

P255_01

P255_02

P255_03

P255_04

P255_05

壁面作成のおススメポイント

たくさんの動物が出てきて、楽しい壁面になると思います。子どもたちに好きな動物を作成したもらって飾ったり、その年の干支を作ったりしてもいいですね。

全体：P255_06

P255_07

P255_08

P255_09

P255_10

P255_11

全体：P256_01

P256_02

P256_03

P256_04

P256_05

P256_06

P256_07

P256_08

P256_09

P256_10

全体：P257_01

P257_02

P257_03

P257_04

P257_05

P257_06

P257_07

P257_08

P257_09

おたより作成のためのワードの基本操作

ワードでおたよりを作成するための
基本操作を説明します。

> ここでの説明画像は、Microsoft 365 の Word（Microsoft Word 2019相当）を使用しています。画像は、使用するパソコンの環境によって、異なる場合もありますのでご了承ください。

用紙サイズや向きを設定する

新しい文書（新規ドキュメント）を作成後、［レイアウト］タブをクリックし①、［ページ設定］グループの［サイズ］②で用紙サイズを、［印刷の向き］③で印刷方向を設定します。

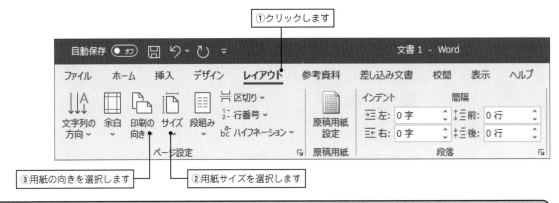

①クリックします
③用紙の向きを選択します
②用紙サイズを選択します

テキストボックスを入力する

文字を自由にレイアウトするには、テキストボックスを利用すると便利です。
［挿入］タブを選択します①。［図］グループの［図形］をクリックし②、表示されたメニューから［テキストボックス］を選択します③。ドラッグしてサイズを指定します④。テキストボックスが作成されるので文字を入力できます⑤。

> **Point**
>
> 挿入されたテキストボックスは、行内に配置されます。自由な位置に配置するには、P.261「位置を設定する」を参照して変更してください。また、罫線を削除するには P.264「テキストボックスの枠線を設定する」を参照してください。

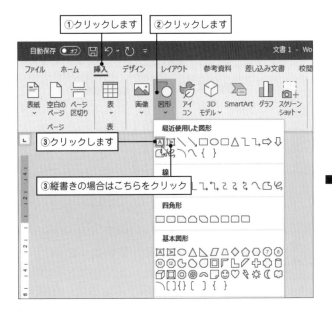

①クリックします ②クリックします
③クリックします
③縦書きの場合はこちらをクリック

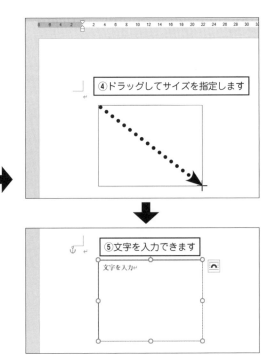

④ドラッグしてサイズを指定します
⑤文字を入力できます
文字を入力

画像を挿入する

本書付属の CD-ROM をはじめ、写真や画像データを挿入するには、[挿入] タブをクリックして選択します①。[図] グループの [画像] をクリックし②、表示されたメニューから [このデバイス ...] を選択します③。[図の挿入] ダイアログボックスが表示されたら、挿入する画像の保存場所を開き④、画像をクリックして選択して⑤、[挿入] ボタンをクリックします⑥。画像が挿入されます⑦。

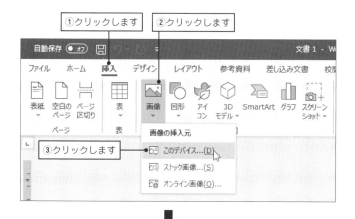

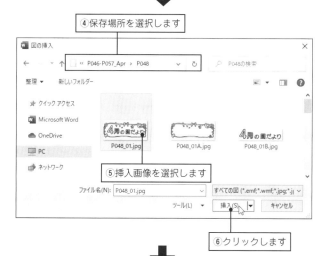

Point

挿入された画像は、カーソルの点滅位置の行内に配置されます。自由な位置に配置するには、P.261「位置を設定する」を参照して変更してください。

画像を選択する

画像の位置を変更したり、サイズなどの編集を行うには、選択する必要があります。画像の上にカーソルを移動し、カーソルが になったらクリックします①。画像が選択されます②。

画像を選択した状態で、 Shift キーを押しながらほかの画像をクリックすると③、複数同時に選択できます④。

テキストボックスと文字の選択をする

ワードに挿入したテキストボックスの位置を変更したり、サイズなどの編集を行うには、選択する必要があります。テキストボックスの上にカーソルを移動してクリックします①。テキストボックスが選択され②、テキストボックス内の文字を選択できるようになります。ドラッグすると、文字を選択できます③。

①クリックします

②選択されます

③ドラッグで文字を選択できます

コピー（複製）する

挿入した画像やテキストボックスは、コピーできます。画像やテキストボックスをクリックして選択し①、[ホーム] タブ②の、[クリップボード] グループの [コピー] をクリックします③。続いて、[貼り付け] をクリック④すると選択した画像やテキストボックスが複製されます⑤。

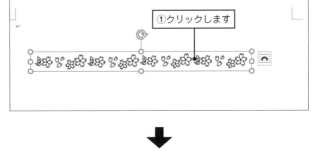

①クリックします

②クリックします　③クリックします

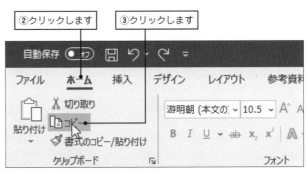

④クリックします

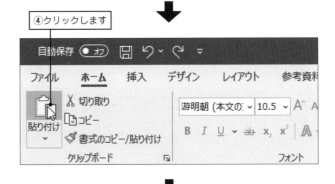

⑤コピーされました

位置を設定する

初期設定では、挿入したテキストボックスや画像は、行内に配置され文字として扱われます。位置を自由に移動するには、配置を変更します。
画像やテキストボックスを選択すると①、右上にが表示されるので②、クリックします③。表示されたメニューから［背面］（または［前面］）をクリックして選択します④。続いて［ページ上の位置を固定］を選択します⑤。これで、画像やテキストボックスは、自由な位置に配置でき⑥、本文を入力しても位置が移動することはありません。

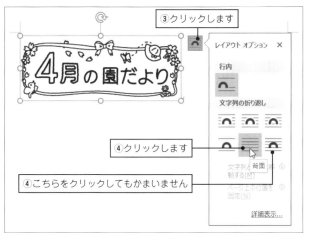

Point

［背面］［前面］は、ワードで文字を入力する面に対して、前面になるか、背面になるかの設定となります。

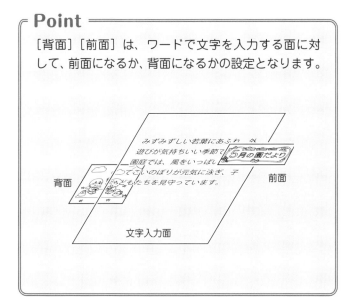

Point

画像を選択してが表示されない場合、画像を選択後［図の形式］タブを表示し、［配置］グループの［文字の折り返し］で設定してください。

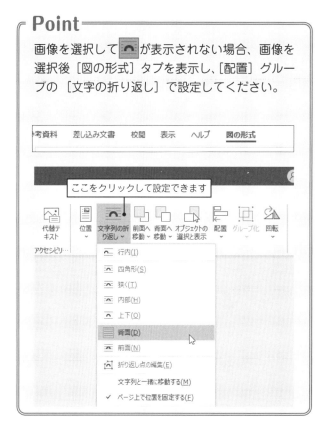

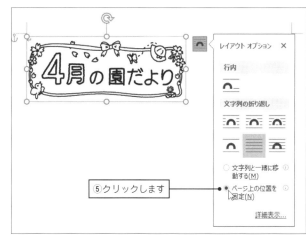

⑥ドラッグして自由な位置に配置できます

画像やテキストボックスのサイズを変更する

画像やテキストのボックスのサイズは変更できます。画像をクリックして選択し①、周囲に表示されたハンドルのうち、4隅のハンドルにカーソルを合わせ②、ドラッグしてください③。各辺の中央のハンドルをドラッグしても拡大・縮小できますが、画像の縦横比が変わるので注意しましょう。下記は画像での説明です。

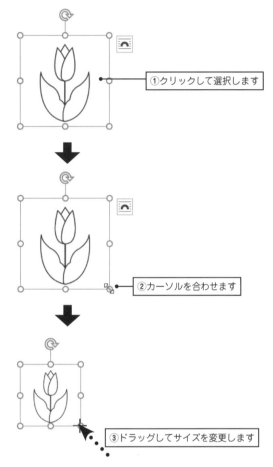

①クリックして選択します

②カーソルを合わせます

③ドラッグしてサイズを変更します

Point
画像データは、種類によっては、大きく拡大するとプリントした際に粗くなります。CD-ROMの画像も粗くなるので、できるだけ拡大せずに使用してください。

Point
画像やテキストボックスを選択して表示されるハンドル  をドラッグすると、回転させて角度を変更できます。

ドラッグして角度を変更できます

画像の一部だけ使う（トリミング）

飾り罫などの画像で、一部だけを使用したい場合は、不要な部分をトリミング（非表示にする）できます。
画像をマウスの右ボタンでクリックし①、表示された[トリミング]ボタンをクリックします②。画像の周囲にトリミングハンドルが表示されるので③、ドラッグして不要な部分を指定します④（グレーになった部分は非表示になります⑤）。画像以外の部分をクリックすると⑥、トリミングされます⑦。

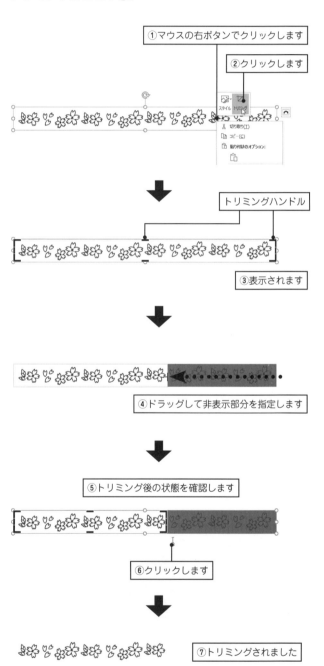

①マウスの右ボタンでクリックします

②クリックします

トリミングハンドル

③表示されます

④ドラッグして非表示部分を指定します

⑤トリミング後の状態を確認します

⑥クリックします

⑦トリミングされました

Point
細長い画像では、中央のトリミングハンドルは、画像の表示サイズが小さいと表示されません。拡大表示して操作することをおすすめします。

きれいに整列する

画像やテキストボックスをきれいに揃えることができます。 Shift キーを押しながらクリックして①、複数の画像やテキストボックスを選択します。

［図の形式］タブをクリックします②。［配置］グループの［配置］をクリックし③、表示されたメニューから揃える場所を選択します（例では［上揃え］を選択）④。

画像が上側で揃います⑤。

間隔を揃えるには、［配置］グループの［配置］をクリックし⑥、表示されたメニューから整列方向を選択します（例では［左右に整列］を選択）⑦。左右に等間隔で整列しました⑧。

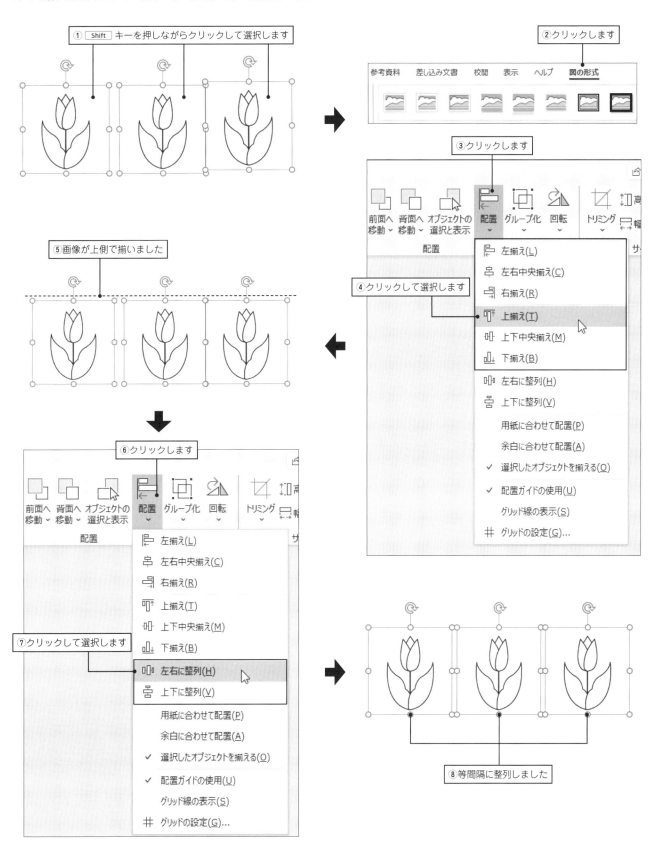

重なり順を変える

画像やテキストボックスを重ねてレイアウトすると①、塗りつぶしの色の設定によって見えなくなることがあります②。そのようなときは、重なり順を変更してください。重なり順は、[図の形式]タブ(テキストボックスは[図形の書式]タブ)をクリックし③、[背面へ移動]をクリックし④、移動位置を選択します(例では[最背面へ移動]を選択)⑤。画像が背面に移動し、文字が見えるようになりました⑥。前面に移動するには、[前面へ移動]で設定します。

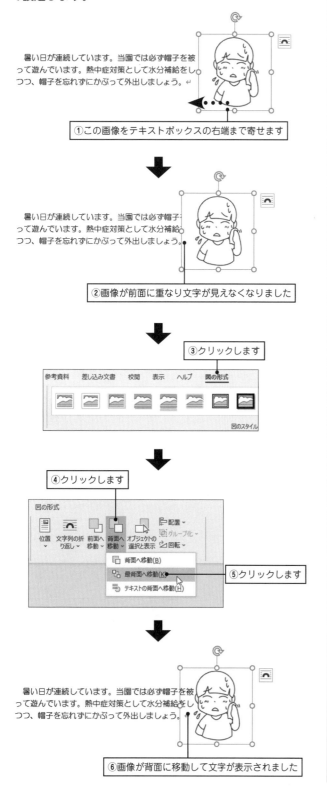

①この画像をテキストボックスの右端まで寄せます

②画像が前面に重なり文字が見えなくなりました

③クリックします

④クリックします

⑤クリックします

⑥画像が背面に移動して文字が表示されました

テキストボックスの枠線を設定する

テキストボックスを挿入すると、枠線が設定されています。枠線は、非表示にしたり、枠線の種類を変更したりできます。
テキストボックスをクリックして選択し①、[図形の書式]タブをクリックし②、[図形の枠線]③をクリックします。メニューが表示されるので、線の色や太さなどを設定できます。例では[枠線なし]を選択し④、枠線を非表示にしています⑤⑥。

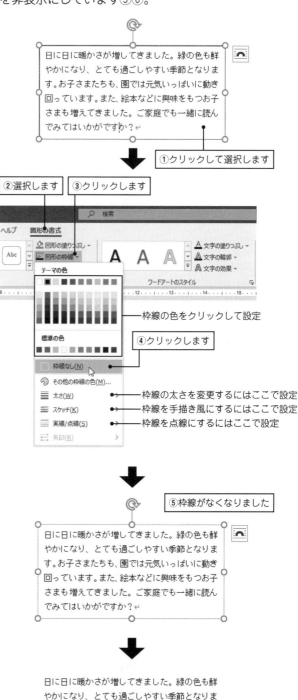

①クリックして選択します

②選択します　③クリックします

枠線の色をクリックして設定

④クリックします

枠線の太さを変更するにはここで設定
枠線を手描き風にするにはここで設定
枠線を点線にするにはここで設定

⑤枠線がなくなりました

⑥選択を解除して確認します

フォント（文字種）を変更する

テキストボックス内の文字は、選択してフォント（文字種）を変更できます。

フォントを変更する文字を選択し①、［ホーム］タブをクリックします②。［フォント］グループから［フォント名］をクリックして③、リストからフォントを選択してください④。選択したフォントに変わります⑤。

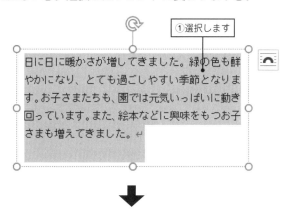

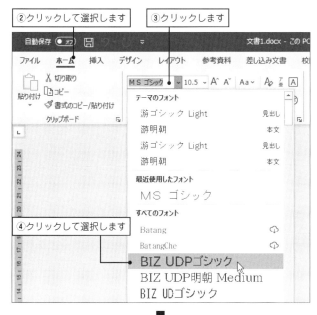

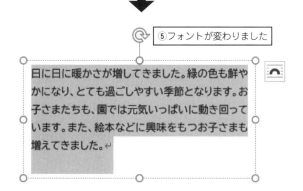

Point

テキストボックスを選択し、文字を選択しない状態でフォントを変更すると、テキストボックス内のすべての文字のフォントが変更されます。

文字サイズを変更する

テキストボックス内の文字は、選択して文字サイズを変更できます。

文字サイズを変更する文字を選択し①、［ホーム］タブをクリックします②。［フォント］グループから［フォントサイズ］をクリックして③、表示されたリストからフォントサイズを選択してください④。選択したサイズに変わります⑤。

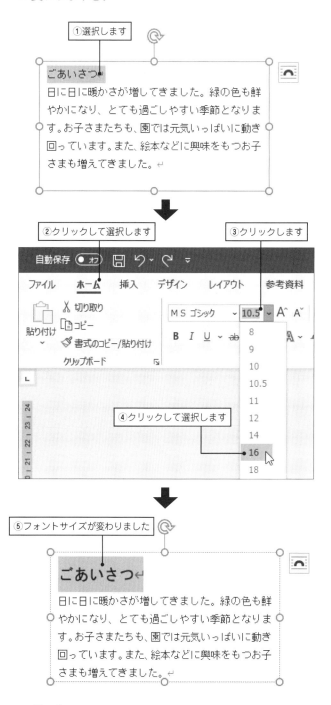

Point

テキストボックスを選択し、文字を選択しない状態でフォントサイズを変更すると、テキストボックス内のすべての文字のフォントサイズが変更されます。

行間隔を変更する

テキストボックス内の文字は、フォントを変更すると行間隔が大きく変わることがあります。行間隔を細かく設定する方法を知っておくと、読みやすい行間を設定でき、きれいなレイアウトにできます。

行間隔を変更する文字を選択し①、［ホーム］タブをクリックして選択します②。［段落］グループの右下にある をクリックして③、［段落］ダイアログボックスを開きます。［行間］をクリックして④、［固定値］を選択します⑤。下の［プレビュー］を見ながら、［間隔］の数値を変更し⑥、［OK］をクリックします⑦。行間隔が変わります⑧。

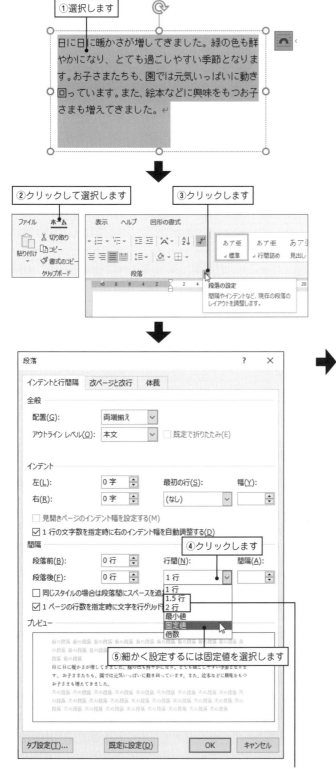

初期値の 1.5 倍、2 倍にするにはこちらを選択

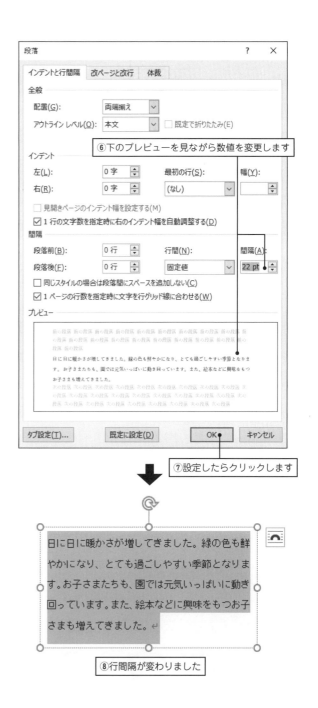

⑧行間隔が変わりました

Point

［固定値］を使用するときは、文字サイズを決めてからにしましょう。文字サイズの 1.5 〜 2 倍程度が見やすい行間となります。

テキストボックスと文字と枠線の間隔を変更する

テキストボックスの文字と枠線の間隔は変更できます。テキストボックスを選択し①、［図形の書式］タブをクリックして選択します②。［図形のスタイル］グループの右下にある をクリックします③。画面右側に［図形の書式設定］パネルが表示されるので、［文字のオプション］を選択し④、［テキストボックス］をクリックします⑤。［左余白］［右余白］［上余白］［下余白］で間隔を設定設定します⑥。間隔が設定した値になります⑦。

テキストボックスの段落の左右の余白を設定する

選択した段落の左右の余白を変更できます。ルーラーを使うと、間隔を見ながら簡単に設定できます。ルーラーが非表示のときは、［表示］タブの［表示］グループの［ルーラー］をチェックしてください。
余白を変更する文字を選択し①、ルーラーの左下の△を右にドラッグします②。左側の余白が変わります③。右下△を左にドラッグすると④、右側の余白が変わります⑤。

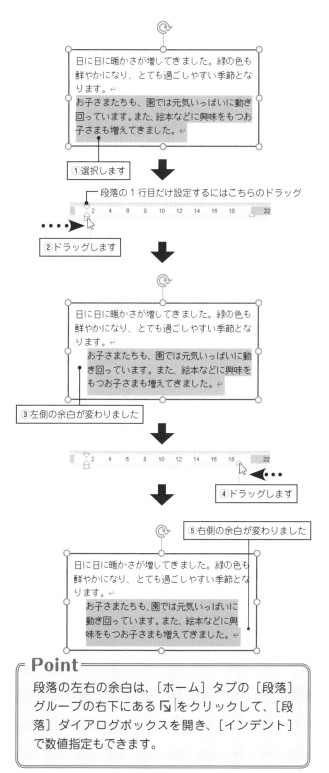

Point

段落の左右の余白は、［ホーム］タブの［段落］グループの右下にある をクリックして、［段落］ダイアログボックスを開き、［インデント］で数値指定もできます。

イラストに色をつけてみよう（ペイント3D編）

本誌に付属の CD-ROM に収録されているモノクロのイラストに、Windows10 に標準で付いているアプリを使って色をつけてみましょう。ここでは「ペイント 3D」を使用します。少し前のパソコンには「ペイント 3D」が入っていないことがあります。その場合は「ペイント」をご利用ください（P.270 参照）

ファイルを開く

ペイント 3D を起動します。ペイント 3D は、スタートメニューの「は」に表示されます。起動したら［開く］をクリックし①、［ファイルの参照］をクリックします②。［開く］ダイアログボックスが表示されるので、CD-ROM のファイルを選択し③、［開く］をクリックします④。

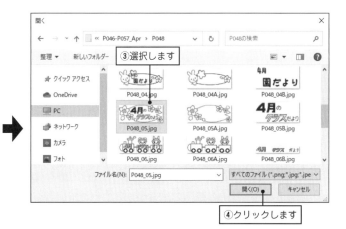

塗りつぶしツールで塗りつぶす

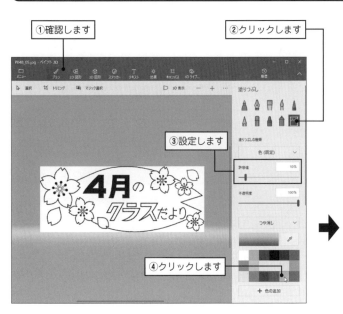

上部のアイコン［ブラシ］が選択されていることを確認し①、右上のツールアイコンから［塗りつぶし］をクリックして選択します②。［許容値］の範囲を「10%」に設定したら③、右下のパレットから塗りつぶしに使用する色をクリックして選択します④。イラスト上でクリックすると⑤、線で囲まれた範囲が塗りつぶされます⑥。同じ要領で、ほかの場所も塗りつぶしてください⑦。

⑥選択した色で塗りつぶされました

⑦同じ要領でクリックして色を塗ります

Point
違う色で塗りたい場合は、[元に戻す] ボタンを
クリックして操作を取り消してから、塗りつぶし
てください。

Point
何度も同じ範囲をクリックすると、線が細くなっ
てしまいます。一度だけクリックするようにして
ください。

パレットに表示されない色を作る

パレットに表示されない色を追加できます。[色の追加]
をクリックすると①、[新しい色の選択] 画面が表示さ
れるので、色②や明るさ③を設定して [OK] をクリッ

クします④。選択した色が表示され⑤、クリックすれば
利用できます。

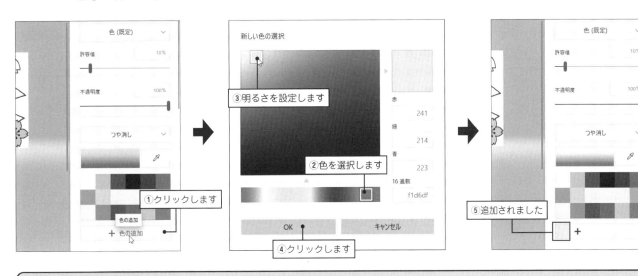

ファイルを保存する

ファイルに名前を付けて保存します。[メニュー] をクリックし①、メニューを表示しま
す。[名前を付けて保存] をクリックして②、右側の [画像] を選択します③。[名前を
つけて保存] 画面で、保存する場所を選択し④、[ファイル名] にファイル名を入力しま
す⑤ [ファイルの種類] は [2D-JPEG] のまま⑥、[保存] をクリックします⑦。

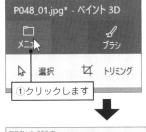

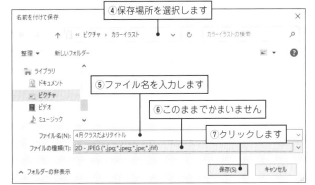

イラストに色をつけてみよう（ペイント編）

Windows10に標準で付いているアプリ「ペイント」でも、イラストに色をつけられます。ただし、ペイントでは、ペイント3Dほどきれいに塗りつぶせません。できるだけペイント3Dをご利用ください（P.268参照）。

ファイルを開く

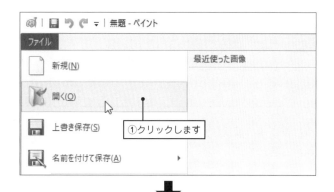

ペイントを起動します。ペイントは、スタートメニューの［Windowsアクセサリ］に表示されます。［ファイル］メニューの［開く］をクリックし①、［開く］ダイアログボックスで、色をつけるCD-ROMのファイルを選択して②、［開く］をクリックします③。選択した画像が表示されます④。

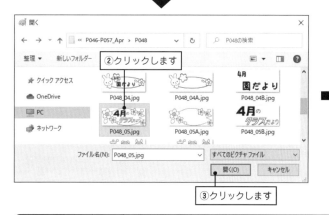

塗りつぶしツールで塗りつぶす

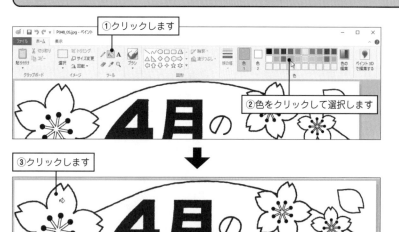

上部のツールから［塗りつぶし］をクリックして選択します①。［色］から塗りつぶしに使用する色をクリックして選択します②。イラスト上でクリックすると③、線で囲まれた範囲が塗りつぶされます④。同じ要領で、ほかの場所も塗りつぶしてください⑤。

⑤同じ要領でクリックして色を塗ります

Point

うまく塗りつぶせない場合

拡大表示して、塗りつぶせなかった箇所をクリックして塗りつぶしてください。
または、鉛筆ツールやブラシツールを使って塗ってください。

Point

違う色で塗りたい場合は、［元に戻す］ボタンをクリックして操作を取り消してから、塗りつぶしてください。

クリックして元に戻す

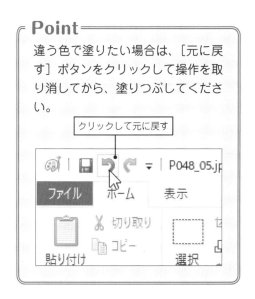

パレットに表示されない色を作る

パレットに表示されない色を追加できます。［色の編集］をクリックします①。［色の編集］画面が表示されるので、右側のグラデーション部分で色②や明るさ③を選択して［色の追加］をクリックします④。［作成した色］に色が

追加されたことを確認し⑤、［OK］をクリックします⑥。［色］に選択した色が表示され⑦、クリックすれば利用できます。

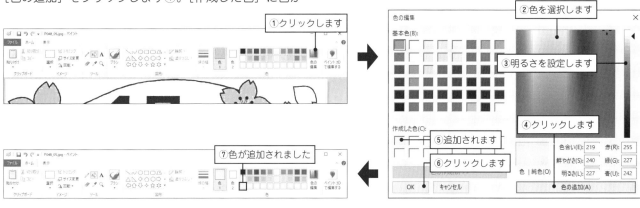

①クリックします
②色を選択します
③明るさを設定します
④クリックします
⑤追加されます
⑥クリックします
⑦色が追加されました

ファイルを保存する

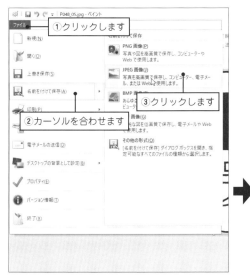

①クリックします
②カーソルを合わせます
③クリックします

色を塗れたら名前を付けて保存します。［ファイル］メニューをクリックし①、［名前を付けて保存］にカーソルを合わせて②、表示されたメニューから［JPEG 画像］を選択します③。「名前を付けて保存」画面で、保存する場所を選択し④、［ファイル名］にファイル名を入力し⑤、［保存］をクリックします⑥。

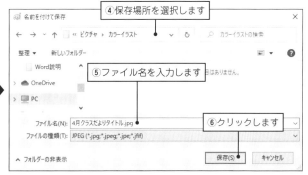

④保存場所を選択します
⑤ファイル名を入力します
⑥クリックします

著者略歴

押田可奈子 おしだ　かなこ

武蔵野短期大学幼児教育学科卒業、武蔵野美術大学造
形学部芸術文化学科卒業。幼稚園教諭として勤務した
後、専門学校で専任講師を務める。専門は保育内容（表
現領域）、特に造形表現。ほかに、小学生対象の絵画
教室の講師を務める。現在は京都芸術大学大学院芸術
研究科芸術環境専攻こども芸術教育分野に在学し、ハ
サミに対する愛情を惜しむことなく研究に注いでいる。

イラスト
fumimicreative
とやまきこ
ほさかなお
ヤノシマケイタ

カバーデザイン　今住真由美（ライラック）
本文デザイン　ベクトルハウス
本文レイアウト　ベクトルハウス
編集　ベクトルハウス
担当　竹内仁志（技術評論社）

すぐに使えてかんたん！ かわいい！
幼稚園・保育園のための
おたより文例&イラスト集

2021 年 2 月 19 日　　初版　第 1 刷発行

著　者　　押田可奈子
発行者　　片岡　巌
発行所　　株式会社技術評論社
　　　　　東京都新宿区市谷左内町 21-13
　　　　　電話　03-3513-6150　販売促進部
　　　　　　　　03-3513-6160　書籍編集部
印刷／製本　図書印刷株式会社

ISBN978-4-297-11892-1 C3055
Printed in Japan

お問い合わせに関しまして

本書に関するご質問については、右記の宛先に FAX もし
くは弊社 Web サイトから、必ず該当ページを明記のうえ
お送りください。電話によるご質問および本書の内容と関
係のないご質問につきましては、お答えできかねます。あ
らかじめ以上のことをご了承の上、お問い合わせください。
なお、ご質問の際に記載いただいた個人情報は質問の返答
以外の目的には使用いたしません。また、質問の返答後は
速やかに削除させていただきます。

［宛先］
〒 162-0846
東京都新宿区市谷左内町 21-13
株式会社技術評論社
書籍編集部
「すぐに使えてかんたん！ かわいい！
幼稚園・保育園のためのおたより文例&イラスト集」係
FAX：03-3513-6167

技術評論社 Web サイト
https://book.gihyo.jp/116/